我的宠物书

初舍 王杰 / 主编

人气猫咪养成计

U0238980

中国农业出版社

图书在版编目（CIP）数据

人气猫咪养成计 / 初舍，王杰主编. — 北京：中
国农业出版社，2017.8（2018.3重印）
（我的宠物书）
ISBN 978-7-109-23133-7

Ⅰ. ①人… Ⅱ. ①初… ②王… Ⅲ. ①猫—驯养
Ⅳ. ①S829.3

中国版本图书馆CIP数据核字(2017)第157366号

中国农业出版社出版
（北京市朝阳区麦子店街18号楼）
（邮政编码100125）
责任编辑　黄　曦

北京中科印刷有限公司印刷　新华书店北京发行所发行
2017年8月第1版　2018年3月北京第2次印刷

开本：710mm×1000mm　1/16　印张：11.5
字数：220千字
定价：45.00元
（凡本版图书出现印刷、装订错误，请向出版社发行部调换）

目录

主人，我萌吗

Part 1
明星喵要从小养起

明明白白我的心

Part 2
作为主人这些你要懂

目录

Part 4
明星猫的日常

一步一步往上爬

最爱的玩具

Part 5
明星猫猫的拿手好戏

Part 6
待人接物好教养

我们都是好朋友

Part 7
我的美谁都看得到

目录

我好无聊

Part 8
玩出新花样

Part 9
明星怎么能只在室内玩耍

和我玩

Part 10
粉丝们都在等我的靓照

站得高，看得远~

Part 1

明星喵要从小养起

和我玩~

真是舒服~

爱我你就夸夸我！

我们是好朋友！

猫咪进门一二三

在猫咪到家之前，主人需要给它们准备好必需的生活用品，并对居家环境做出一些相应的改变。准备工作做得越充分，越容易让猫咪尽快适应新的家庭。只有让猫咪快速适应家庭生活，才可能进行下一步的训练，迅速成长为人见人爱的明星猫咪。

技术要点一：
接回家的时间有讲究

新手主人3个月后再接回家

太小的猫咪不适合离开妈妈。3个月左右的猫咪在妈妈身边已经完成了基本社会化的训练，它们会使用猫砂盆，知道如何跟其他的猫咪相处，不轻易使用牙齿和爪子。如果想要独立一点或者黏人一点的猫咪，那就得等到6个月左右的时间。这时候，猫咪的性格特征已经完全显现出来，很容易选到心仪的猫咪。

有经验的主人可以早一些接回

如果主人经验丰富，可以在猫咪6周龄的时候将其带回。此时，猫咪已经断奶了，将要开始学习如何与人相处。主人可以亲自训练它们的生活习惯，以使其更好地融入自己的生活环境中。

技术要点二：
日常生活器具准备齐全

给猫咪准备的每样器具需要有固定的位置，并且在带猫咪回家的时候，向它们一一展示。

猫窝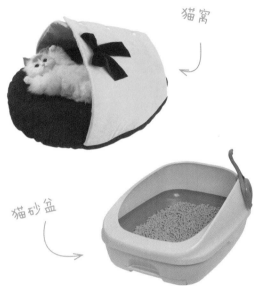

猫窝：如果不想让猫咪自行寻找睡觉的地方，最好给它采购一个舒适的窝。在里面放上棉垫或草，冬天把猫窝放在温暖的地方，或者给它放上一个热水袋。

猫砂盆：选择一个大且半封闭的猫砂盆。在陌生环境中，一个可以遮挡自己的猫砂盆能够给猫咪带来足够的安全感。将猫砂盆放置在离食盆稍远的干燥通风处。

猫砂盆

猫砂：猫砂需要足够多，能彻底盖住粪便。并且最好选用猫咪原先所使用的品种，再配上一把小铲子。

食盆：用于盛放干粮，如果沿用猫咪原先的食盆更好。将食盆放在离水盆稍远的地方，以免猫咪吃食的时候碰倒。

水盆：根据猫咪脸型进行选择。如果是扁脸猫，不要选择过深的水盆。里面装上干净的水，并每天更换，准备多

猫砂

食盆

个水盆。基本上，猫咪只在吃饭时顺便喝水。如果家里有多个水盆，当猫咪在家里玩耍时，路过水盆会产生"既然发现了水就顺便喝一口"的心理，这样可以增加猫咪的饮水量。

猫抓板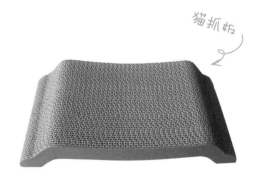

猫抓板：为了防止猫咪损坏家具，可以专门为它准备猫抓板用以磨爪。

猫爬架：猫咪喜欢攀高玩耍，疯狂地追逐。选择一个好的猫爬架，可以满足它们玩耍的需求，以免它们在家里上蹿下跳。

猫箱：用于带猫咪回家或者外出。

项圈、牵引绳：如果要带猫咪外出，牵引绳是必要的。猫咪可没有狗狗那么听从呼唤。

玩具：给猫咪准备一些小玩具，可以让它们独自在家的时候自娱自乐。

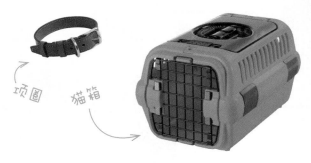

项圈　猫箱

技术要点三：
提前调整家居环境防意外

‖ 防意外等级与家有小朋友相同 ‖

给电线插座安装盖子，如有外露的电线要及时处理。将容易误食的药品、杀虫剂、老鼠药收好。图钉、针线等放在猫咪触摸不到的地方。对猫咪有害的植物挪出猫咪的房间，如仙人掌或其他误食会中毒的植物。做好这些，以免误伤好奇心很重的猫咪。

改变布局

猫咪喜欢钻进狭窄的缝隙，因此不要在家具和家具以及家具和墙之间留下缝隙。如果不想限制猫咪活动，可以给它们留一个猫洞，让它们自由进出。当然，在此之前需要先给猫咪做好疫苗接种以及绝育工作。不过最好还是别让猫咪自由进出，以免发生意外。

技术要点四：请变得更加细心

请收起你的粗心大意，变成一个细心的好主人。收拾好家里的垃圾袋，及时盖上垃圾桶的盖子；塑料泡沫之类的物品不要出现在猫咪视线范围内；如果阳台没有封闭，要限制猫咪去阳台玩耍，尤其是高层的住户；多留心猫咪的藏身地点，比如抽屉、洗衣篮以及家具底下，可以避免很多事故发生；关门时留心猫咪是否跟在身后。

温馨提示

如果收养猫咪的途径是购买（尤其是纯种猫），请先了解幼猫的血统背景、健康情况以及是否完成疫苗注射；如果是获赠而来，必须及时做好接种疫苗、驱虫以及相应的健康检查工作；如果是从救助机构领养的流浪猫咪，应该充分了解猫咪过往病史以及健康情况。咨询专业人士，听从其所提供的养育建议，了解猫咪的行为特点。

进门第一天的
关键点

向原先的主人了解猫咪的一些习惯、爱好等注意事项后，选择一个较大的深色猫笼将它带回家吧！记得在里面铺上隔尿垫以及毛毯。最好将接它回家的时间定在周末，这样会有比较多的家人齐聚在家，迎接它的到来，也能一次接触到所有的家人。善解人意的主人会给猫咪准备一个独立而安静的空间，并把所有的基本用品放到一起。

技术要点一：
初次见面请多关照

‖ 主人不要太过激动 ‖

多数主人会在猫咪回家的时候对它表现出特别的热情，甚至会在介绍家人给它认识时，将它在不同的家人手里传递搂抱。殊不知，这样是会吓到它的。主人应该温柔地轻声和它说话，一一介绍家庭成员即可。

‖ 避免小朋友单独与猫咪接触 ‖

对大多数小朋友来说，刚到家的猫咪与其说是一个新的家庭成员，不如说是一个新鲜的玩具。他们会去抓猫咪，扯它们的尾巴；在它们睡觉的时候不断逗弄它们。这些对新到家的猫咪来说非常不好。

如果猫咪还小，还没学会怎么躲避小朋友，只能逆来顺受；如果是成年猫咪，则会伤到小朋友。因此，主人要跟小朋友沟通好，教他们学会如何正确与猫咪相处，同时尽量不要在自己不在场的情况下，让他们待在一起。

家中有其他小动物时这样处理

（1）最好先让猫咪有独处的时间。陌生的环境加上不友好的其他伙伴，会给猫咪带来很大精神压力。

（2）同时，也要关注原住动物的情绪。在最初的几天内，保持原住动物的某种特权，保证双方各自的"私人"空间。不要急于让它们相处，避免原住动物出现嫉妒，避免它们会用"离家出走"来表达情绪。

我们都是好朋友~

（3）原住狗狗可能对猫咪接受度稍强，但原住猫咪对新来的猫咪会有比较强的排斥反应。此时，主人可以将带有猫咪气味的布料在其他房间的角落进行擦拭，以尽快让其他动物熟悉新来的猫咪。

（4）选择在玩耍时介绍双方认识，态度保持中立。及时制止任何一方不满的态度，直到双方消除戒备，互相接受。

技术要点二：
准备好新家第一餐

给猫咪准备好猫干粮。由于居住环境的改变，它们可能不太进食。但没关系，如果它们有需要，会自行进食。最

好不要准备湿粮，以免出现猫咪没有及时进食而发生食物变质的情况。主人也大可不必强迫猫咪进食饮水，多观察它们，避免出现食物短缺的情况，顺其自然就好。

一切都很稀奇

最好不要一到家就给猫咪换食，而是以它平时的饮食习惯为主。喂食次数、数量保持与之前一致，至少保持一周。避免突然换食造成幼猫消化紊乱。

如果需要给猫咪换食，整个过程要持续一周。

第1~2天用1/4新粮替代旧粮。

第3~4天替换掉1/2旧粮。

第5~6天只留1/4旧粮即可。

如果一切顺利，猫咪没有什么不良反应，从第7天起即可开始喂食全新的猫粮了。

技术要点三：煎熬的第一夜

到了新环境，猫咪会出现不愿意挪动或在屋里到处巡视的情况，并且伴随长时间的嚎叫。这种嚎叫是一种情感的宣泄，告诉你它很不安，尤其

是幼猫。此时主人的态度要坚决，第1天时可以陪伴在它旁边，让它尽快熟悉你，但千万不能抱起它，也不能把它挪到你的卧室睡觉。这种情况大约会持续4天。

技术要点四：
容忍它们的小"恶行"

如果猫咪不是天生就有喜欢嚎叫、乱尿尿的问题，那么它到新家的第一天就出现在屋里到处乱尿或者喷射肛门腺液的行为，是为了让家里沾染上自己气息而进行的划地盘活动。

温馨提示

猫咪刚到新家的前几天，常常给主人带来一些困扰。此时的主人一定要表现出足够的耐心，帮助它们顺利度过这一特殊时期。

准备体外驱虫产品，做好猫咪进家时的体外驱虫工作。

幼猫的喂养指南

　　为了获得更多的照顾，自然界中的猫咪刚出生时，都会长得异常可爱、楚楚可怜。尤其是某些成年后依然呆萌的猫咪，年幼的时候基本属于魅力让人无法抗拒那一类。这也就能解释，为何猫咪的主人们都想从奶猫时养起，哪怕这一呆萌时期非常短暂。一般来说6个月的猫咪就能独立生活了，这个时期的猫咪虽然呆萌，却也有着惊人的破坏力。比如，它们会用刚长出的小爪子和牙齿，让家里的主人"挂彩"或破坏家里的装饰。作为主人，准备好开始养育这样的小奶猫了吗？

技术要点一：如果幼猫还没断奶

　　一般来说，不建议收养还未断奶的猫咪。因为此时猫咪身体娇弱，没有猫妈妈的照顾，很容易死亡。

▌找个奶妈来喂你 ▌

　　（1）若在某些特殊的情况下收养到没有断奶的猫咪，最好尽快找一只猫奶妈替代原来的猫妈妈进行哺乳。只要在小奶猫身上涂抹一些母猫尿液，再安排小奶猫混进奶妈的孩子中间就可以了。

（2）如果实在找不到合适的猫奶妈，主人就要亲自上阵，扮演奶妈的角色了。它们需要每隔2小时候用没有针头的针管喂一次奶。

有两种体位的喂食方法：

1. 让幼猫趴在身上，一手托住奶猫的下巴，使其头部微微上扬。

2. 让幼猫仰面躺在腿上，用左手扶住它的脑袋。

从针管挤一点奶到幼猫嘴边，如果它能主动吸奶最好，如不能主动进食，需要从猫嘴侧面缓缓将奶挤进猫咪嘴里。一般情况下，猫咪会有吞咽反射。喂完奶后，要帮猫咪把嘴和下巴擦拭干净。

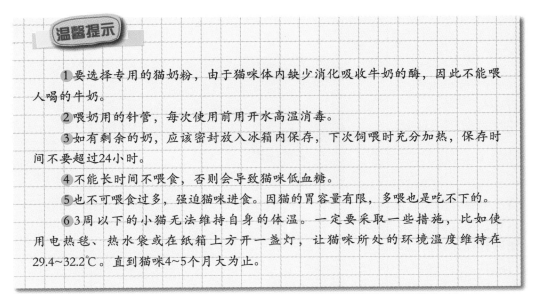

温馨提示

①要选择专用的猫奶粉，由于猫咪体内缺少消化吸收牛奶的酶，因此不能喂人喝的牛奶。

②喂奶用的针管，每次使用前用开水高温消毒。

③如有剩余的奶，应该密封放入冰箱内保存，下次饲喂时充分加热，保存时间不要超过24小时。

④不能长时间不喂食，否则会导致猫咪低血糖。

⑤也不可喂食过多，强迫猫咪进食。因猫的胃容量有限，多喂也是吃不下的。

⑥3周以下的小猫无法维持自身的体温。一定要采取一些措施，比如使用电热毯、热水袋或在纸箱上方开一盏灯，让猫咪所处的环境温度维持在29.4~32.2℃。直到猫咪4~5个月大为止。

（3）喂完猫咪后用手拍拍它的后背帮助打嗝，同时模拟猫妈妈舔舐小猫的动作，给小奶猫按摩。

▋帮助排便▋

小奶猫不会自主排便，它们都是靠猫妈妈舔舐肛门和尿道才能排便的。此时，主人可以用湿棉签或棉布轻触猫咪肛门和尿道周围，模仿猫妈妈的舔舐行为，刺激排便。

一般来说，每次为猫咪擦拭它都会尿尿，健康猫咪的尿应该是微黄的；而大便每天应该不少于4次，颜色为浓稠的鹅黄色。

技术要点二：
注意幼猫饮食

从第4~5周开始，幼猫可以开始吃一些固体食物。此时，可以在干粮颗粒中加入肉汤、温水或是代乳品。

一旦幼猫开始长出恒牙，就要开始鼓励幼猫咀嚼食物，需要给它提供合适的干粮颗粒。这一阶段的幼猫对能量及营养的需求较高，直至1岁。

▋持续时间▋

大约4周后可慢慢给小奶猫改喂泡软的离乳期奶糕，饮食逐步向干粮过渡。

满月的奶猫就可以自主排泄了，主人需要开始教育奶猫使用猫砂。

注意，刚开始学习使用猫砂盆的奶猫有时会狂吃猫砂，每次看到一定要及时制止。

技术要点三：
幼猫需要充足的睡眠

对于幼猫来说，只有保证充足的睡眠才能分泌出足够的激素，以保证它们正常的生长发育。

健康猫咪出生后的前两周，90%的时间都在睡觉。

大约2个月后，幼猫的睡眠时间减少到每天13~16小时。不过它们的睡眠时间是分阶段的，并非连续睡满16个小时。值得注意的是，猫咪的睡眠跟人类一样，分为浅睡眠、深度睡眠及快速动眼睡眠（也就是它在做梦）。只有深度睡眠才能让猫咪得到真正的放松和休息，千万不要弄醒这个阶段的猫咪。

技术要点四：幼猫学习要趁早

幼猫有两种学习途径：最初是母猫的言传身教，其后是在经验中学习成长。猫咪的社会化从3周龄就开始做，最好在4月龄以前完成，且在整个社会化的过程中，所有的接触都必须是正面的，否则只会让猫咪更害怕接触，甚至产生更严重的问题。

技术要点五：
及早完成幼猫的社会化训练

如果没有对幼猫进行科学的日常饲养，会使猫咪养成一些不良习惯，甚至无法融入人类的生活。比如说，一出门就惊慌失措，稍有风吹草动就不停叫唤，像野猫一样跳上餐桌吃饭，弄得杯盘狼藉等，这些都是社会化不足的表现。虽然猫咪社会化的最佳时期是从猫3周龄开始，但什么时候开始都不晚。幼猫的社会化受环境的影响比较大，与外界接触越多，它的性格越平和稳定。为了能让猫咪完全融入主人的家庭，我们也要及早完成幼猫的社会化训练。

主人可以从日常的点滴中训练猫咪养成良好的生活习惯。

1. 学习在正确的时间、地点吃饭。

2. 学习如何使用猫砂盆进行大小便，养成定地点大小便的好习惯。

3. 正确使用自己的牙齿和爪子，逐渐掌握撕咬和抓挠合适的轻重程度。

4. 学习如何玩耍，发泄掉多余的精力，帮助肌肉的发育，同时避免一些破坏性行为。

温馨提示

由于与生俱来的捕猎天性，幼猫可能会对周围环境造成一些破坏，要温和但是坚定地制止幼猫这些出格行为，让幼猫明白，有的行为是不对的。

技术要点六：搞好邻里关系

在未完成猫咪社会化训练前，它们可能会对邻居的生活造成一定的影响。所以要搞好邻里关系。当然，前提条件是训练好自家猫咪。当遇到邻居投诉猫咪干扰到了其正常生活时，需要主人冷静处理，用缓和的态度让对方理解猫咪训练有个过渡时期，千万不要交恶。

技术要点七：正确接种疫苗、绝育以及驱虫

初次接种疫苗时间：第7~9个星期

间隔3~4周之后进行二次接种，当幼猫年满1岁时，可以给它注射年度疫苗。若有需要，以后每年接种1次。

绝育手术可以改善猫咪的行为，使其适应室内生活，并能延长猫的预期寿命。

根据猫咪的性格变化和发育情况，公猫最早是8个月大的时候就可以进行绝育手术，最佳手术时机是1岁的时候。

母猫最佳手术时间是8~14个月大的时候，最早是6个月。原则上，最好是等猫咪生理成熟，发情过一次之后，这样，手术效果会更加理想。

每月1次给幼猫进行驱虫直到6月龄。

我就偷偷看一眼~

乖乖坐好~

不要抓我!

是要打架吗?

Part 2

作为主人
这些你要懂

发生了什么事~

抱有抱样

对于人类来讲，拥抱是表达爱意最直接的方式。把猫咪抱在怀里，抚摸着它们顺滑柔软的被毛，听着它们发出轻轻的咕噜声，是大多数猫主人的理想和心愿。但现实总是骨感的，很多猫咪似乎并不太享受人类的这种疼爱，经常挣扎着跑开了，又或者在挣扎中抓伤了主人。因此，一定要根据自家猫咪的个性来决定是不是抱它。如果它真不愿意被抱在怀中，主人也并不一定要用拥抱来表达爱意。对于那些愿意让主人抱的猫咪，也要讲究抱的方法，方法不对不但会让它感到不舒服，还会引起猫咪的反感。

技术要点一：
弄清猫咪为啥不爱被人抱

猫咪不爱被人抱是出于自我保护的原因。如果主人没有采用正确的抱猫姿势，当它们被腾空抱在怀里时，四肢不能着地，背部也悬空，对它们来说这是很可怕的感觉，特别是那些体形较大的肥胖猫咪，即便是再亲人的也不喜欢被人抱。

技术要点二：请用正确的方式抱猫咪

1. 一只手伸入猫咪前肢在它腹下托住，用拇指和食指轻轻扣住猫的前肢。

2. 另一只手托住猫咪的臀部，将猫直立抱起。

我希望主人抱抱我~

技术要点三：要抱就抱布偶猫

布偶猫忍耐力强，以脾气好而闻名，还特别亲人。在主人怀里的它，柔若无骨，瘫软成一团，就像一只大毛绒玩具，主人与猫都很享受。

温馨提示

抱猫咪的同时一定要用手轻轻抚摸它。一般来说，猫咪更喜欢冬天待在主人身上睡觉，夏天则不愿意让人抱或不喜欢被抱得太久。

爱我你就摸摸我

　　猫咪只是不喜欢让人抱，但并不代表它们不爱被人抚摸。相比喂食，亲密触碰与爱抚能更好地促进主人和猫咪之间的感情，让主人成为猫咪的"自己喵"。因为这是人跟动物的共同之处，如果喜欢对方，就想要跟对方有更近一步的肢体接触。猫咪之间表达喜爱的方式就是摩擦对方或互相舔舐。有些人认为猫咪身上有些地方可以摸，有些地方不能摸，其实这不能一概而论，根据猫咪不同的个性，抚摸的手法和部位可以不尽相同。

技术要点一：猫咪这里可以摸那里不让摸

　　绝大多数的宠物猫属于非名贵品种猫，这类猫跟人比较亲近，但不太喜欢被抱起来。虽然愿意被主人抚摸，但由于比较有自我保护意识，因而需要主人注意抚摸的位置，避开雷区，多抚摸它感觉舒服的位置。不过，不同的猫咪敏感部位不同，主人可以多加尝试摸索。

摸摸它的头

一般来说家猫不太排斥主人摸它的脑袋。抚摸时可从头顶眉心开始，逐步向后延伸。

边摸边观察

其实猫咪很聪明的，它要是喜欢主人的爱抚，会引导主人。比如很希望主人抚摸该处，便会将此处尽量靠近主人的手。摸到不喜欢的位置，它们是会躲开的哦。

爱我你就抱抱我~

糟糕，被推倒了~

技术要点二：
随便你摸的猫咪最惹人爱

这类猫咪特别缺爱，非常需要人类的抚摸，因而也很亲近人类，常常跟在主人身边。有趣的是，它们长得也特别可爱，一般来说，都有一张圆圆的脸。不过，虽然它们浑身上下都可以摸，并不代表摸所有部位它们都感到舒服，摸到有些它们不太喜欢的地方，虽然它们没有反抗，但其实，它们只是在忍耐而已。主人还是要细心观察，尽量抚摸它们特别喜欢的位置。

首先将它推倒

一般猫咪喜欢睡在主人腿上，主人可以准备一条舒服的毯子，将它们轻轻推倒在毯子上。依然是从头部开始摸起，逐渐由头摸到耳朵、下巴还有脸颊两侧。这时候，你会听到它们发出咕噜噜的声音，说明它们感到非常舒服，然后可以逐渐向其他地方延伸。

舒不舒服自有表现

如果感觉猫咪肌肉略微抖动，说明此时它们感觉紧张；而当猫咪开始轻轻啃咬、舔舐你的手，或者开始用声音提醒你时，那就明确说明它不太喜欢这样的抚摸，就要赶紧停下来哦。

技术要点三：这类猫咪有点高冷

对于一些性格独立、热爱自由的猫咪来说，虽然它们很喜欢自己的主人，但它们并不一定有耐心让主人在它们身上摸来摸去。这类猫咪可能并非从小长在主人身边，因此并不习惯人类的抚摸。

多对话，少摸它

对这样的猫咪来说，头部依然是可以触摸的地方，但对它们来说，主人只要多跟它们温柔说话就很开心了，抚摸倒不是必须的。不然，它们会用甩尾巴、乱叫加上咬手来告诉你它不喜欢了。

让它闻点猫薄荷

有些猫咪很爱猫薄荷的味道，尤其是公猫。主人可以在抚摸它们之前，先揉搓下猫薄荷，如果喜欢，它们会主动凑到主人跟前。不过，这个方法只对部分猫咪有效。

温馨提示

主人对猫咪的感情，不一定要用拥抱和爱抚来表达。用猫咪喜欢的方式对待它们，就是最好的爱了。陪它们多说话，多玩耍就好。

"被封印"的奥秘

　　主人们经常会观察到猫咪有一些看起来很怪的行为，比如只要是箱子一定要钻。如果被东西围在中间，平时上蹿下跳，能够爬树的猫咪居然跑不出来。另外，它们会把桌子上的东西都推到地上，对消毒水有莫名其妙而又深沉的爱……猫咪的这些小怪癖虽然看上去很好笑，但主人如果能够善加利用，它们将会在与猫咪相处的过程中起到非常重要的作用。

猫咪小怪癖一：圆圈"封印"猫

　　互联网上有一则视频引起了很多猫咪主人的竞相模仿。主人用绳子、胶带或者松紧带之类的物品在地上弄出一个圆圈，猫咪会自己进到圆圈里，怎么赶也赶不走。有的主人按视频照做成功了，有的主人却失败了，甚至有的猫咪看都不看一眼主人给自己设下的"圈套"，高傲地走开了。

凸起的圆圈才能 "封印"猫咪

　　猫咪是一种非常需要安全感的动物。当周围有可以让它蜷缩在里面的物体，它会得到安全感。这也正是有些主人用杯子、毛巾或者袜子等物体围成的圆圈就可以让猫咪乖乖待在里面的原因。如果主人只是在地上画个圆圈，猫咪则根本不会为之所动。

▌"封印"的物体必须有趣 ▌

　　有句话叫"好奇害死猫"。主人用一些对猫咪来说很新鲜的物体围成圆圈就会吸引猫咪过来嗅闻以及摩擦。尤其是在猫咪感到安全的环境中，比如家里，会增强它们愿意冒险的欲望，去看看这些东西到底安不安全。

▌其实只是不想碰倒它们 ▌

　　还有一种成功率比较高的圆圈是由杯子围成的。天性使然，自然界中猫咪为了不引起猎物或天敌注意，在行动过程中，都会谨慎地防止碰撞发出声音。但被困住是暂时的，它们只是在考虑有没有不碰倒杯子就能离开的方式而已。

▌接受暗示 ▌

　　另外存在一种观点是，猫咪的这种行为是由于日常生活中猫咪和主人的主从关系造成的。当主人开始布置这些圆圈时，猫咪便会通过主人的肢体语言和眼神接受到某种讯息，感觉只要坐进去就会受到奖励。所以，一般由主人自己做的试验，成功率比较高。

　　如果你家的猫咪能够被圆圈"封印"的话，那在你不想让它到处跑时，也许可以试试这个办法。

猫咪小怪癖二：百试百灵的箱子

　　猫咪对纸箱有一种执念。如果房间有箱子，又一直找不到猫咪，那么，它们多半是躲到箱子里去了。它们对箱子的热爱可以到什么程度呢？举个例子，不管你给它准备的窝有多么豪华，即便鞋盒小得都装不下它，它们都会时不时地睡在你没来得及收起来的鞋盒子里。

‖ 需要安全感 ‖

　　自然界中散养的猫咪很喜欢钻到树洞或岩石缝里睡觉，这正是出于安全方面的考虑。猫咪身体柔软，可以毫不费力地钻进树洞或者窄缝中，避免被大型动物袭击。被圈养之后的猫咪依然留有这种天性。

‖ 释放压力 ‖

　　猫咪在遇到紧张情况时，第一反应就是躲起来。它们并不擅长解决冲突。当遇到问题时，逃避是它们唯一的选择。躲进纸箱里，它们便不再焦虑，不想受到关注的紧张感也统统会消失。

‖ 狭窄一点就更暖和一点 ‖

瓦楞纸板是很好的隔热材料。在狭窄纸箱里蜷成一团的猫咪可以保存热量，感觉更暖和。

没有什么比箱子安全~

温馨提示

①如果主人并不想让猫咪总是睡在纸箱里，那么就要及时清理掉纸箱。

②如果家中有客人前来，为了不让猫咪感到不安，主人可以事先准备一个箱子，让它们有一个避风港湾。

③主人如果能够在家里给猫咪制造一些随时能待进去的阴暗小空间，会让它比较有安全感。

在一个足球场那么大的空地上，哪怕到处都可以坐下，但如果正好有一张报纸，猫咪大多会选择坐在报纸上。把报纸换成袋子、衣服也都可以达到相同效果。这一点没有科学的解释。可以确定的是这种行为和占地盘无关。大概猫咪有强迫症，又或者单纯就是好奇。

猫咪小怪癖三：
不能容忍桌上有东西

即便是主人阻止过无数次，又哪怕主人就在眼前，只要看到桌面上有可以推动的物体，猫咪统统要用它那萌萌的小爪推到地上去。

其实，它们是在狩猎。

猫咪把东西推下桌子只是为了看看它们是不是会动！一旦发现那些东西是可以动的，它们就会穷追不舍。至于为什么主人已经明确表示不喜欢，它们还要这么干，大概是它们把主人当成了"自己喵"，向主人炫耀自己的狩猎技能吧。

猫咪小怪癖四：我的爪子必须在上面

无论是物体还是其他动物，或者是主人，猫咪是肯定不会让别的物体压在自己爪子上的。只要相互接触，猫咪一定会抽出自己的爪子压在上面。哪怕故意再次压住它的爪子，它也不会服软。

其实，这依然是出于猫咪的狩猎本能。自然界中，猫咪捕捉到猎物，一般都是把它们按压在爪下再慢慢吃掉。若有不服，一掌拍死。

但主人要注意不要反复玩这个游戏，以免猫咪真的把你的手当成猎物一通瞎挠。

猫咪小怪癖五：
夹住脖子就不动了

相信不少养猫的主人都听过这样一句话，猫咪脖子后的肉是死肉，拧着那块肉把它拎起来也没感觉。拎起猫咪的同时还能让它们变得很老实。其实，最先发现这个功能的是猫妈妈。我们常常会看见，在拿自家淘气熊孩子没有办法时，猫妈妈通常会叼住小猫的后颈，一下就能让小家伙安静下来。

其实，猫咪脖子后的肉是有感觉的，只不过是让小猫知道脖子被妈妈衔住了，得乖乖听话了，乱动会让自己掉下来。

其实人类也有这种情况，当婴儿哭泣时，妈妈抱着宝宝轻轻摇晃就能止住哭泣。

兽医会用比较安全的夹子夹住不受控制的猫咪的脖子。猫咪很快就会停止活动，拱起脊背，蜷缩身体，老老实实地趴下。

一般来说，这个举动不会让猫咪受伤，但使用这招还是有限制的，凡事都有意外。成年后及肥胖的猫咪，主人不要拎它们的脖子，使它们双脚离开地面，因为，成年猫咪的皮肤和肌肉无法承受它们的体重，这样会造成肌肉损伤。如需夹住脖子，要保证它们可以躺下而不是四脚离地。

不同的猫咪是有个体差异的，多数猫咪会因为脖子被夹住表现得比较安静，而对另外一些猫咪则没有什么大用。因为，被夹子夹住与被妈妈衔住的感觉还是不太相同的。

猫咪小怪癖六：胶带的力量

不知道是谁先发现了这个现象。如果在猫咪身上贴上一截胶带，它们相应的部位就好像瘫痪了一样。贴在肚子上，它们会弓起身子前进。贴在后背，基本上就只能卧倒了。有同样作用的物品还有衣服、鞋子，等等。只要在猫咪身上粘上任何它们无法甩掉的东西，相应部位就失去了正常功能。

都是紧张惹的祸

猫咪是神经系统非常发达的动物，它们的被毛下分布着很多神经元细胞。风吹过被毛都能让它们感觉到空气中的细微异常。因此，主人们也就能理解，为什么猫咪被毛被粘住，它们会有这样紧张的表现了，因为，猫咪会感觉自己像被什么东西抓住了一样。

温馨提示

猫咪的这些怪异行为，看上去很有意思。但主人们千万不要为了一时逗乐反复试验以免猫咪讨厌你哦。

多一点理解，加一点迁就

　　即便是从小养大的猫咪，在它的心里主人也不是一切的主宰，主人只不过是给它提供了住所和食物而已，自己和主人是同一屋檐下的室友，是平等的。说到底还是自己的心情更为重要。如果家里不能让自己安心，便会萌生"逃离之意"。即使一时不能逃离，猫咪也不会让主人安生，反正人猫都不会好过，总会生事。主人要和它和睦相处，首先就要和它成为朋友，逐步建立彼此间的信任，让猫咪感受到安全，让它知道主人对它的好和关心。

技术要点一：
"讨猫嫌"的事情少干

　　1.烟味会让猫咪远离主人，对它们的呼吸系统也有危害，还是去阳台或者户外抽烟吧。

　　2.猫咪不喜欢让满屋子弥漫着香水味的主人。

　　3.重金属音乐对猫咪来说可能等于打雷，起着同样效果的大约还有广场舞的音乐。

　　4.喜欢大吼大叫的主人会让猫咪离家出走。

　　5.主人发酒疯这件事，不管在猫咪还是人类的世界都应该是不受欢迎的。

技术要点二：
再不能忍受的行为也不能用暴力解决

　　如果猫咪有些行为习惯是主人不能忍受的，一定不能用强迫或者暴力的手段解决。要找到正确的解决办法，让它逐渐改掉坏习惯。

技术要点三：
别误解了它们这些行为

　　1.如果猫咪拿屁股对着你。你该高兴，那是它把你当作了妈妈。小的时候，猫妈妈经常用舔舐的方法帮助它排便，当它们长大了仍会表现出请求妈妈舔舐的行为。

　　2.在你身上轻轻踩踏。这是源于小时候，为了促进猫妈妈乳汁分泌，幼猫会用爪子交替按摩猫妈妈的乳房。因此，当它对你做出这样的举动，自然也是把你当成了妈妈。

温馨提示

　　尽管要跟猫咪和睦相处，但也并不意味着对它一味宠溺。主人应该奖惩分明，坚定立场，以免猫咪养成不好的生活态度和习惯。

给我一点空间我会更爱你

狗狗对主人的爱，是很明确的、毫无保留的，甚至可堪称"窒息的爱"，但猫咪不是，不管是对人、同类还是其他动物，猫咪都有自己的相处模式，它们会亲密而又谨慎地和对方保持距离。它们中的大多数，本身也并不喜欢群居，甚至不愿意和任何生物有太过亲密的举动。如果主人真的懂它，就用它需要的方式对待它，那样它会更爱你。

技术要点一：主人，不要着急与我零距离接触

1.对于刚领进门的猫咪，有些主人虽然能够察觉它们想要逃避，却并不太愿意"善解猫意"地随它们去。主人们会千方百计地从家里的各个角落，将猫咪抓出来搂在怀里，那样往往落了个互相伤害的结局。

2.猫咪是一种很有个性的动物。它爱你，会用撒娇、摩擦你的身体来表示。但是，它并不接受主人主动亲吻、使劲搂抱它，更讨厌主人行使特权，对自己召之即来，挥之即去。这些举动，只能它对主人做。听起来有些不太公平，但真的是这样。

技术要点二：
除非睡觉，否则别的猫最好离开10米以上

1.即便是生活在同一屋檐下的猫咪，在日常生活中，它们也会想要保留自己独立的空间。不然，轻则对吼，重则对打。一旦开打，任谁也无法拉开它们，除非有一只主动"投降"。不过一般来说，猫咪是识时务的，它们很少会打得头破血流，只要发觉形势不利，弱势的一方便会放弃战斗，分开至10米开外后，双方也就都冷静了。它们之间最近的距离是睡觉或疯耍的时候，可以相互依偎，一派和谐。

2.猫咪很讨厌不能分清领地的情况。如果在同一空间中出现太多猫咪，它们便会出现情绪问题。有的猫咪缩在角落不愿活动，有的猫咪则用乱尿表示抗议，更严重的会出现抑郁的问题。

技术要点三：
猫咪和狗狗生活在平行空间

猫咪和狗狗的相处方式，更像是楼上楼下的邻居。灵巧的猫咪行走在房间的各种高处以及缝隙里。憨厚的狗狗一般只在地面玩耍。当它们生活在同一间屋檐下时，除非是从小一起长大，而狗狗又属于温和大叔型，猫咪和狗狗才可能会成为好朋友，因为这种狗狗多半会让着猫咪。但大多数情况下，猫咪和狗狗是互不搭理的，最好的状况是"最熟悉的陌生人"。

技术要点四：
生病时，请让我独处

生病的猫咪不需要主人的嘘寒问暖，只需要主人静静陪在身边即可。关掉一些能发出声响的设备，小主人也最好在远处玩耍，等待猫咪病愈再去亲近它。

温馨提示

猫咪讨厌噪音，尤其是吸尘器这种噪音大的电器。但养猫的家庭又不可避免地会用吸尘器打扫掉落的猫毛。如果主人要进行打扫，还是先把猫咪赶到别的地方去吧。

懂我一点小情绪

尽管语言并不相通，但作为猫咪的主人，应该是可以通过猫咪的叫声及肢体语言判断出猫咪情绪的，同时还要揣测猫咪的内心世界。就叫声来说，猫咪乞食时跟打招呼时就非常不同。心满意足时喵喵叫的声音比较低，而乞食时比较高亢。迎接主人回家时猫咪会摩擦主人的腿，晃动身躯，扬起尾巴，而不高兴时它们会挥动尾巴示威。被主人批评了，猫咪会摇着尾巴，绷着腿，迈着傲慢的步伐走开。这些都是最基本的猫咪表达情绪的方式了。但主人们知道怎么应对猫咪的不良情绪吗？

技术要点一：
猫咪生气时你要这样做

1.放点舒缓、轻柔的音乐，保持心平气和的态度。此举可以让猫咪得到放松，让猫咪的情绪变得缓和稳定。

2.爬高蹦低是猫咪的天性，如果它真的生气需要发泄，在猫爬架上放一些毛绒玩具可以吸引它去爬架上。这样可以让家里的桌子柜子免受伤害。

3.猫咪生气时会到处乱尿。这种行为一旦反复发生，是需要去看医生的。若排除了身体疾病，多半是心理问题引起的。

4.当猫咪不高兴，对人又抓又咬时，不要用对打来制止，这会引起猫咪更强烈的反应，用逗猫棒来转移下它的注意力吧。

5.吃家里的地毯或者塑料制品等非食物的行为被称为异食癖。猫咪生气时会出现这种情况，这也是需要请宠物医师处理的问题。

技术要点二：
动不动就紧张的猫咪怎么安抚

‖ 什么情况下它会紧张 ‖

几乎家里的任何变化都会引起猫咪紧张。搬进新家紧张、家里来客人紧张、去医院紧张、噪音过大紧张、在家待着无聊也会紧张……幼猫适应力强，老年猫则较差，相对来说老年猫更容易感到紧张。

不要碰我~~~

如何知道猫咪感到紧张

（1）如果发现猫咪耳朵整体朝后，它们一定是紧张到了极点。

（2）本来好好的，突然两眼放凶光、咬东西，没来由地叫，一副要打架的样子，这也可能是精神紧张的表现。

（3）本来排便习惯很好的猫咪，突然在屋里随地大小便，过度梳毛，甚至造成脱毛等都是由于精神紧张导致的。

（4）精神紧张时，猫咪还会出现腹泻、便秘、乱抓、乱咬等各种症状。

如何安抚紧张的猫咪

（1）如果是因为环境改变造成的紧张，主人用温柔的声音即可安抚这种紧张情绪。

（2）把猫咪装进隔音效果好的猫包，包里装上猫咪熟悉的物品也能迅速起到安抚作用。

（3）如果猫咪喜欢爱抚，主人可以尝试爱抚它的头跟下巴，并放一些舒缓音乐。

（4）相信猫咪不会拒绝一顿诱人的大餐。美食当前，再大的烦心事也可以暂时放下。

温馨提示

安抚过程中，不要使用暴力，不要限制猫咪行动，不然会让猫咪变得过度忧伤和抑郁。

如果猫咪在熟悉的环境中出现紧张，应该看看环境中有什么给它压力，及时消灭掉源头。

个性不同请区别对我

大多数猫咪孤傲、有距离感，它们特立独行，自得其乐，但其实也有一部分猫咪个性是非常黏人的，甚至到了时刻不能离开人的地步。它们完全融入主人的生活，性格温顺，与主人亲密无间，这与天性和后天教养有着密不可分的关系。养了黏人猫的主人，常常在烦恼怎么能让猫咪独立一些；而拥有高冷猫咪的主人，则希望与自家猫咪多一分亲近。"明星"的脾气也不好拿捏啊。

技术要点一：
如果你想要黏人的猫咪

1.选择那些天性黏人的猫咪进行饲养。有些猫咪天性亲人，大多是因为猫咪已经不再是人类抓老鼠的工具，而是伴侣宠物。某些纯种猫，比如波斯猫、布偶猫、英国短毛猫是已知的相对亲人的猫种。

2.黏人的猫妈妈多半会生下黏人的小猫。

3.小猫出生后，迅速进行科学的社会化训练，它们会习惯人类的抚摸，习惯和人类生活，以有爱的方式和别的动物进行交流。

4.可以培养亲昵感。原本就亲人的猫咪，为了获得主人更多的关注，会在生活中学习主人对它亲近的方式，比如会用鼻子磨蹭主人的脸颊。

技术要点二：
如果你不想猫咪过于黏人

　　太过于黏人的猫咪也会给主人带来一些甜蜜的负担。比如正在奋笔疾书的时候，猫咪阻拦你的行动，一直求爱抚；睡着的时候，猫咪舔醒主人，邀请主人一起玩耍；天热的时候它也一定要睡在主人的身上，要霸占主人的分分秒秒，让主人的注意力一直在自己身上。那么，怎么做才能让猫咪不过于黏人呢？

　　1.用零食暂时吸引它的注意力。将它平时爱吃的零食扔向远处，能迅速让猫咪从你的身上跳下来直奔零食而去。

　　2.给它一个玩具自己玩去。当然，要注意玩具常换常新，保持持续的吸引力。

　　3.给猫咪闻一些猫薄荷之类的植物香气，它们会暂时沉静在那些美妙的气味中，暂时忘了纠缠你。

　　4.用严肃的语气告诉它，你现在有别的事，不喜欢它黏着你，把它从自己身上请走。相信猫咪是能听懂的。

　　5.但请不要这样做：对猫咪实行冷暴力、训斥、殴打！

技术要点三：
猫咪冷淡时怎么拉近距离

1.首先排除疾病原因。有些猫咪无精打采，不爱理人，可能是生病了。最简单的办法是观察猫咪的饮食。如果它们对猫罐头都提不起精神，那一定是生病了。

2.改掉依赖机器喂养猫咪的习惯。由于主人工作繁忙，于是就将猫咪日常生活起居交给了机器，比如自动喂食、喂水器。这样，人跟猫咪之间因为交流互动变少，感情会变淡。其实喂食是一个很好的促进人猫交流的过程。放弃那些机器吧，至少让猫咪知道，你才是给它提供食物的人。

3.多陪猫咪玩耍，正确爱抚。让猫咪对主人产生依赖，认识到主人是生活中不可或缺的一部分，在一定程度上可以增进你们之间的感情。

温馨提示

注意尽量不要惹怒猫咪。有些主人喜欢开玩笑，故意对猫咪做出一些惹怒它们的事情，从而观察它们的反应以取乐。但实际上，也许猫咪是"开不起玩笑"的性格呢。

走个猫步看看~

Part 3

训练技巧 早知道

乖乖坐好~

美味的食物!

我来了!

你瞅啥呢~

沟通比训练重要

大多数时候猫咪都喜欢安静地待着，对周围的事物显得兴趣欠缺，它们敏感而又胆小，因此，很多人会形成猫咪是不可训练的刻板印象。其实，猫咪是非常懂事的动物，如果能够通过沟通让它们明白有些事情可以做，而有些则是不被允许的，就可以达到训练的目的。主人平时要多理解猫咪，与之建立信任感，让它们明白主人是可以相信的、值得托付的。随着时间的推移，猫咪与人类的生活会变得更加和谐，互相之间会更有默契。和猫咪交流沟通并不容易，需要主人付出极大的耐心，当然还要讲究方法。

技术要点一：
沟通从懂它开始

由于猫咪比较内敛，在和猫咪交流的时候，粗心的主人也许并不能及时明白它的意思，导致交流受阻。在没有得到主人的明确表态前，猫咪不知道自己是否做对了，主人也不确定猫咪是不是理解了自己的意思。但其实猫咪是懂主人在想什么的，它能清楚理解主人的肢体语言和态度。而它自己也是通过肢体语言来清楚表达自己的。因此，训练要从了解猫咪的身体语言开始。

▌它的眼睛和耳朵会说话 ▌

平静时：眼睛圆睁，双耳自然直立。

愤怒时：瞪大眼睛看着你，双耳侧向竖立。

发动攻击时：准备发动攻击前，猫咪瞳孔放大，两耳下撇；当瞳孔急剧收缩时，说明它立刻会发动攻击。

如果非常开心：它会用狭长的瞳孔，自然直立的耳朵告诉你。

快来揉肚肚~

▌它对你这样做，要感到高兴 ▌

除了摩擦还是摩擦：当猫咪用它的前掌在主人膝盖处长时间摩擦时，表示它很亲近主人；当它用头部或者尾巴摩擦主人的身体，代表了它非常想跟主人拥有同样的味道。

一见你就倒：跟狗狗一样，当猫咪愿意在你面前露出它柔软的肚子，说明已经完全信赖主人。如果你看见它四脚朝天，能够过去挠挠它的肚子，它会很爱你呢。所以，不要看见猫咪在脏的地方打滚就不分青红皂白地批评它。

需要注意区分猫咪摇晃尾巴的动作：一般情况下，摇晃表明猫咪很兴奋，但并不总是代表它很高兴。如果此前你对它有暴力行为，它用力摇晃尾巴，则表明它不喜欢你这样的行为，请马上停止。

猫言猫语听分明

咕噜声表示本猫现在很高兴：猫咪最开始学会用这个声音表达情绪是在它吃奶的时候。当它吃到猫妈妈的奶时，会觉得特别满足。如果它把这个声音运用到你的身上，说明它觉得跟你在一起很开心。

喵喵叫的含义分很多种：要求、抱怨、困惑、拒绝各不相同，但相信主人通过自己的观察，还是可以非常明确地分辨出其中的区别的。

听到嘶叫要当心：猫咪在进攻的时候会发出撕叫，这是它的自我防卫策略之一。

主人不懂我的心~

技术要点二：
主人多从自己身上找原因

解铃还须系铃人。前面说过，猫咪特别容易紧张，当它感觉到紧张，便会出现一些小问题，比如躲起来、乱尿或者是撕咬东西。这时候，根本原因是出在主人身上的。它是用这种行为在表达自己的不满。主人需要思考一下，是不是最近让家里变得比较吵闹，又或者去做了新造型，身上还残留着药水味？这些都是猫咪不喜欢的。它用躲起来、跑开，甚至抗议来表达它的情绪。主人一定要学会给猫咪的异常行为找出对应的原因，而不是简单地训斥、纠正。

温馨提示

换位思考，人类如果被别人误会了也会不开心。对猫咪多一些理解，尽量少做一些错误的判断，会对你们未来的生活产生良好的促进。

打不是亲，骂也不是爱

　　孤傲的猫咪天性聪明，但却因其性格原因造成了对它们的训练要比同为人类宠物的狗狗困难很多。刚开始遇到问题时，主人也许还能有耐心对猫咪进行引导，但缺乏训练技巧的主人，很有可能在多次失败之后把耐心丢到一边。再加上猫咪始终无法学会主人教授的技能，一再犯错，那更会直接让主人失去理智，对猫咪采用暴力手段。可亲爱的主人啊，这是万万使不得的！棍棒之下出不了好猫，还有可能让你永远地失去心爱的猫咪。没准猫咪真的可能会因此伤自尊离家出走哦！

技术要点一：
请承诺，永不使用暴力

‖ 暴力之后失去猫咪的信任 ‖

　　一旦主人对猫咪动了手，主人很快会发现，猫咪对自己的态度发生了根本的转变。以往喊声名字就会过来的猫咪，此时变得十分迟疑。除非确认你不会打它，不然它只会远远地看着你，而不是立刻来到你的身边。它不再是那个你召之即来的小可爱了。

　　此时，你得花一段时间重建你们之间的信任。很多主人在猫咪不愿过来的时候，会拿零食跟糖果吸引猫咪，如果猫咪对主人还存有信任，也会有效果。但需要注意下面几点：

（1）"糖衣炮弹"这种手段不能被用在把猫咪吸引过来然后继续教育上，否则猫咪从此不会再靠近你。

（2）"糖衣炮弹"不一定管用，有些猫咪戒备心很重，主人需要有耐心。

‖ 暴力会改变猫咪个性 ‖

（1）变得胆小和忧郁：有部分猫咪会因为遭受了暴力教育变得害怕人类的接近。主人可能只是一抬手都会吓得它们立即躲到角落，即便没有恶意，也无法让猫咪再亲近自己，无论主人如何努力也没有用。有些猫咪还会因为接受了棍棒教育，而显得比其他猫咪更胆小和忧郁。

唔，是有吃的吗？

（2）变得易怒：有些猫咪因此会变得暴躁，攻击性增强，把主人当成是危险生物，稍有一点刺激可能就会让它们冲上来咬一口。

（3）变得有报复心：原本乖乖的猫咪，在遭受了暴力对待之后，虽然表面上对主人言听计从，但在主人看不到的地方，它们可能会抓破床单，挠坏家具，到处乱尿发泄……这一系列的负面效果并非主人希望看到的。

技术要点二：
使用正确方法教育猫咪

‖ 这样教育它才懂 ‖

家人之间使用统一的词汇教育猫咪。多使用"不行""不可以"这种简单词汇，并提高音量。猫咪很快就会理解这其中的意思并不再做类似的事情。

‖ 做坏事要抓现行 ‖

猫咪不善记忆。如果你没当场逮住正在犯错的猫咪，过后，面对主人的怒气，它恐怕只剩下一头雾水。所以，看到猫咪做坏事要马上教育。当然，这实施起来有些难度，但请保持耐心，不要在事情已经过去的时候去训斥它。只需要告诉它正确的做法，直到逮到现行。请注意，只要它出现不被允许的行为，就必须非常明确地表示这样做不行，而不是笑眯眯地看着它。

‖ 可以用一些小手段
但别被它发现始作俑者 ‖

如果单纯的教育无法阻止它们的行为，可以采用一些其他的手段。

（1）惊吓法：突然发出的声音与突然出现的物体可以成功震慑到猫咪，比如一个装有硬币的罐子、哨子、突然弹射出来的物体。猫咪会被吸引并立刻停下它的行为。但注意不要让它发现始作俑者，而是让它觉得只要干这件事就会受到惊吓。

（2）限制行为法：可以在猫咪犯错之后，限制它的行动。大概跟人类"关禁闭"是一样的意思。

▌态度保持一致 ▌

跟家人沟通好，在是非问题上保持一致态度，就同一件事的准许与否保持一致。比如心情不好的时候不许猫咪在板凳上跳来跳去，而心情好的时候，又允许它们自由跳跃，这对于猫咪的管教来说是不利的，只会让猫咪在这个问题上感到迷茫。

技术要点三： 有赏有罚才是好主人

▌表扬也要抓现行 ▌

要相信猫咪是能区分主人斥责和表扬的声音的不同的。主人表扬它时，它的心情也会变好。每当它做对了就立即表扬，坚持一段时间，猫咪就会形成固定的行为习惯。尽可能多地表扬，少训斥。关键是让猫咪在培养良好行为习惯的过程中感到愉快。

▌表达奖励的词语也应简单固定 ▌

奖励跟惩罚一样，需要运用简单统一的词汇，比如"乖""真棒"，尽量以温柔和赞许的语气说出，也可以运用食物奖励，但只作为辅助。多用温和的语言跟猫咪进行情感交流。

技术要点四：
给猫咪一个没有压力的训练环境

‖ 提供符合猫咪心意和本性的生活环境 ‖

　　猫咪爱干净，地面太脏，会让它不愿意待在地面上。同时，如果家里有它害怕的物品或其他动物，也会让它不得不跳到家具上去。另外，不要将任何会引起猫咪好奇的东西放在它可以找到，但你又不愿意让它去的地方。

‖ 让它有可玩、可休息的位置 ‖

　　给猫咪准备猫抓板、猫爬树，让它无聊时可以消遣。你可能不知道，小猫们最大的乐趣是登高看风景，顺便晒晒太阳。

‖ 采取一些辅助措施 ‖

　　用可以发出声响的塑料袋或者铝箔将猫咪经常抓挠的地方包裹起来，它们再去抓挠，会发出它不喜欢的声音。主人们还可以这样处理其他一些它爱破坏的家具。

温馨提示

不要忽略表扬，不要吝啬赞美。猫咪在表扬中会巩固训练成果，也能促进它们和主人之间的良好关系。

正确训练几步走

　　首先必须要明确的是，训练猫咪的难度比狗狗大很多，这是由于猫咪具有独立性，异常顽强，不愿受人摆布。同时，由于猫咪生性警觉，对强光和多人围观容易心生恐惧，即便训练成功，也较难在大庭广众之下进行表演。但这并不代表主人们不能把自家的猫咪训练成有教养、善撒娇，会点小手艺的明星猫咪。

技术要点一：
为自家猫咪量身定制训练内容

　　每一只猫咪都有自己独特的个性，有的高冷，有的黏腻。

　　有的特别爱小玩具，那么训练它寻回玩具基本上能轻而易举达到目的。

　　有的格外爱逗猫棒，甚至可以长时间站立，那么让它学会作揖就指日可待。

　　胆大的猫咪，主人可以尝试每天带它出门散步。

　　根据猫咪的个性特点制订学习计划，因材施教。主人教得轻松，猫咪学起来简单。这对双方来说，都是件非常有成就感的事情。

技术要点二：
掌握好训练时机及节奏

哇，要学的东西好多啊~

了解猫咪的成长规律

7~14日龄时，猫咪开始学会爬行；

14天时，猫咪会长出第一组牙齿；

16天时，猫咪开始摇摇摆摆学走路；

通常在第21天，猫咪可以平稳走路，在此之前，要靠猫妈妈搬动；

21天左右的猫咪基本上可以自己上猫厕所；

30天左右的猫咪会互相咬着玩，也会学习在玩耍中不伤害到对方；

断奶后的猫咪开始吃硬质的食物，开始变得独立；

此时猫咪的平衡感已经发育完全，尝试自己梳理毛发；

这一段时期的猫咪必须学会认识自己与其他动物；

2个月大的猫咪，肌肉发育完全，多加锻炼即可准确判断距离、高度和速度，此时，它们的学习要点是狩猎的技巧；

3个月大的猫咪有地盘观念，方向感也很好。

猫咪最佳的训练时期
为3~8个月大时

根据猫咪的生长规律，3个月大时即可开始对猫咪进行训练。猫咪此时身体发育完成，而且是性格形成的关键时期。这么大的猫咪没有那么强烈的自我意识，也还没有养成太多坏习惯。6个月以后的猫咪开始有自我意识，训练时恐怕得加强一些技巧。猫咪长到1岁以后，训练将会变得比较难，但也并不是说完全改变不了，只是需要主人有更大的耐心。

每天的训练最好安排在进食前

有饥饿感的猫咪对主人的指令会记得更牢，也会更配合。每次训练的时间保持在10~15分钟。避免长时间的训练，不要让猫咪饿过了头，让它觉得枯燥乏味。每天训练2~3次即可。

技术要点三：选择安静舒适的环境进行训练

1.猫咪天生胆小，不宜在家里有陌生人的情况下进行训练。

2.环境要安静舒适，让猫咪有安全感。关好门窗，避免突然出现的异响让猫咪受到惊吓，让训练被迫中止。

3.尽量一人训练，多人训练容易使猫咪出现惊恐的情绪。同时，多人训练时易出现两人训练方式不同的情况，使得训练效果变差。

技术要点四："贪吃鬼"要用美食训练法

1.对于"小吃货"类型的猫咪，它们会对食物表现出更多兴致和好奇心，为了得到美食做什么都好。利用食物对它们进行训练，会得到很好的效果。

　　2.训练用的美食需要区别于日常饮食。最好是用它们平时不常吃到的食物，如香味浓一些的肉干、鱼干之类，更能刺激猫咪的味觉。掰成小块，完成指令后才奖励给它的效果比较好。

　　注意：零食不要喂食过多，以免影响猫咪正常进餐，或是导致猫咪在日后饮食中挑嘴。

技术要点五：循序渐进，不得操之过急

猫咪很难一次学会几个动作，一次只能教一个动作，更不能同时训练几个项目。如果因为总是做不好而引起猫咪的厌烦情绪，会使猫咪丧失信心，让它们不愿意继续学习。

技术要点六：态度和蔼，要有耐心，贵在坚持

1. 训练时要像和猫咪一起玩耍一样，轻言细语，态度温和。
2. 有耐心，即使它们做错，也不要过多地训斥或惩罚，避免它们对训练有厌恶情绪。
3. 千万不能失败几次就放弃训练，否则再次训练时难度会增加。
4. 为了让猫咪牢牢掌握所学技能，需要不断重复训练。

温馨提示

在训练过程中，千万不能伤害猫咪或令它感到疼痛。想要吸引它们注意，轻点一下猫鼻子就好。

真好吃啊~

美美睡个觉~

哎，什么在那~

Part 4

明星猫的
日常

猫砂很重要~

什么好吃的~

吃东西的方方面面

就猫咪的养成训练来说，猫咪在吃东西方面的注意事项可不少。饮食的好坏直接关系着猫咪的生活质量。能够在固定位置专心吃饭、不随意乞食、不挑食偏食，这些都是社会化训练的一部分。吃饭时的规矩可真不少呢！

技术要点一：
根据猫咪生理特点，定制合适饮食

▌室内室外不相同 ▌

室内喂养的猫咪由于运动量较小，能量需求低，需要选择能够促进肠道蠕动的猫粮。

经常去室外活动的猫咪对猫粮的能量需求较高，应选择更富营养的猫粮。

▌特殊品种选择对应猫粮 ▌

例如波斯猫这种上颌结构较特殊的猫咪，因为无法跟其他猫咪一样采食，需要选择量身定制的干粮。

▌食物种类及饲喂量要考虑猫咪实际年龄 ▌

小奶猫、成年猫、老年猫对饮食需求各不相同，比如老年猫，消化能力、味觉、嗅觉都在衰退，同时咀嚼困难，需要给它们安排特殊饮食；为幼猫选择的食物则必须满足它生长发育需求，选择营养均衡的食品。

注意：由于猫粮本身已经含有足量的盐分，如果需要添加自制猫饭，绝对不要再往里面加盐，更不能直接投喂人类的食物。

技术要点二：

吃饭的规矩：定时、定点、定量

1.猫咪有藏食的习惯，这个时候一来不干净不卫生，二来会弄脏地板，还会引来蟑螂、蚂蚁。主人发现猫咪藏食时要及时制止。

将食物放进食盆，或者在食盆边放张干净的纸或塑料布，让它们在这些东西上吃饭。这样，它们就不会乱掉食物了。

2.在固定的时间给猫咪提供猫粮，并限定30分钟内吃完。时间一到收走猫粮，直到下一次开饭时再提供食物。

这样做有两个好处，一是让猫咪专心吃饭，二是防止猫咪吃到变质的食物，尤其是夏天。

3.幼猫时期，严格按照猫粮说明，计算自家猫咪所需食量，然后每天分多次喂食，保证热量和营养均衡。成年猫虽有自制能力，但也要少食多餐，按需喂食。

技术要点三：
这样纠正猫咪挑食问题

1.严格按照每顿30分钟的时长控制供应食物的时间。在此期间，不要供给除了主粮和饮用水以外的任何食物。

2.在猫咪挑食严重的情况下可以暂时中断供食。

技术要点四：厌食、贪食、
异食都属于异常摄食

1.出现厌食的情况时首先要排除猫咪的呼吸道疾病。其次要及时清洁食盆及猫咪就餐地点周围，保证其干净卫生。清洁后，猫咪多半会恢复饮食。如果猫咪是因疾病厌食，要先进行治疗，再用它们最爱的食物增强猫咪食欲。

2.患上贪食症会导致猫咪肥胖。增加猫咪的运动量以及改喂低热量食物是主要应对方式。不要自行对猫咪进行饥饿疗法。

3.异食癖的猫咪需要主人采取一些手段来纠正。

（1）在它啃咬异物时喷水，或用吼叫吓唬它们；

（2）在它们喜欢舔舐的异物上涂上醋或香水等阻止它们。

什么东西看上去这么好吃~

喝要喝得**干净**

就喝水来说，重要的是保证饮用水以及水具洁净，不要让水里残留洗洁精的味道。猫咪不愿意跟别的猫咪共用水具，因为里面留有太多其他猫的口水。但它们又常被各种其他有特殊气味的水吸引，比如猫咪对消毒水就有莫名其妙的好感。它们甚至还会喝主人杯子、水龙头，甚至下水道的水。这可不是一只乖猫该有的行为。面对这种情况，主人应该怎么办呢？

技术要点一：
了解猫咪喝脏水的原因

▌整个家都是我的，▌
▌走到哪喝到哪▌

猫咪可从来没认为自己是这个家的宠物，它们认为自己是家的主人。因此，它们认为，只要顺路，喝哪里的水又有什么关系？

▌这味道我喜欢，当然要喝▌

猫咪特别喜欢地漏的味道，它喝地漏的脏水也就不难理解了。而很大一部分猫咪对84消毒水的味道情有独钟，家里一旦用84消毒水消过毒，它们绝对不会放弃舔舐的机会，但这对于它们来说是非常危险的。84消毒水在刺激它们皮肤和呼吸道黏膜的同时，还会让它们中毒，一定要严格禁止它们接触。

技术要点二：
这样阻止它们喝脏水

1.及时处理脏水。不要让地漏处留有脏水，随时保持地漏处的干燥；阻止猫咪进入刚消毒过的房间，将消毒剂放在它们无法接触到的地方；及时倒掉洗脚水、洗菜水、拖把水等一些脏水。最后，如果不想让它们喝你杯子里的水，还是给杯子加上盖子吧。

2.添加维生素及矿物质。有些猫咪由于在日常饮用水中摄取营养不足，会变得不爱喝正常的水，多给猫咪补充维生素和矿物质吧。

▌喝脏水时，主人关注我了 ▌

当发现猫咪喝脏水时，主人一般会对着它叫嚷并驱逐它，有些猫咪会认为这是主人关注它的一种方式，同时是在跟它们玩着追逐游戏，于是乐此不疲。

让我尝尝什么味儿~

温馨提示

不要用暴力阻止猫咪喝脏水。主人自己先做好预防，这才是解决问题的关键。

卫生习惯及早养成

猫咪的大小便有种很难闻的味道，如果猫咪没有从小养成良好的卫生习惯，会给主人带来很多烦恼。不过，猫咪本身也是爱干净的物种。在野外时候，猫咪会在便后用土盖上排泄物，所以，稍加引导，相信它们很快就能学会定点大小便，并能自行处理好大小便，不会给主人造成特别大的困扰。

技术要点一：准备合适的猫砂盆、猫砂

猫砂盆可以自制亦可以购买

一般来说，要选择较大尺寸的猫砂盆，给猫咪足够的空间。太浅的猫砂盆容易因为空间不够让猫咪掩埋粪便导致脏乱；而太深的猫砂盆则会降低猫咪清理的频率。

封闭式猫砂盆可以更好地密封异味，但清洁起来较有难度，如果主人没有勤加清洁，恼人的气味会让猫咪拒绝使用；开放式猫砂盆是市场上最常见的，很容易清洁，缺点是主人需要面对猫砂盆周围被拨出的猫砂以及四溢的气味；半开放式猫砂盆介于两者之间。主人需要根据猫咪的身形、攀爬能力以及喜好选择猫砂盆。

这个猫砂盆我喜欢

选择它们喜欢的猫砂

有些猫咪对猫砂很挑剔，并没有速成的方法能够一次找到猫咪喜欢的品种。最好尝试几种不同的猫砂，直到找出你的猫咪最喜欢的那一款。猫咪一旦习惯某种猫砂，不要突然更换，它们会很不喜欢。跟换粮的方式一样，需要在旧猫砂里逐步加入新的猫砂，直到它完全适应。一定不要选择带有异味的猫砂，另外，有香味、有消毒水味的猫砂，它们都不喜欢。

将猫砂盆固定放在一个通风好又安静的地方

猫砂盆摆放的位置要尽量远离猫咪的小窝、食具以及家用电器。阳台是放置猫砂盆的理想位置。如果家里是多层结构，应确保每一层都有一个猫砂盆，并且要给门留一条缝，避免猫咪被困。不要突然改变猫砂盆的位置。如果一定要改变请每天只挪几厘米，务必循序渐进。

技术要点二：
训练猫咪学会使用猫厕所

1.猫咪3个月大后被领养，猫妈妈基本上已经教会幼猫如何使用猫砂盆进行大小便。即使它们之前没有使用过猫砂盆，当主人把它们带到猫厕所跟前，拍拍它们的头和屁股，告诉它们这是它上厕所的地方，用它们的小爪子轻轻刨一刨猫砂，它们便会心神领会，顺其自然地使用猫砂盆了。

2.如果幼猫没有接受过正确的训练，可以在喂食后不久，把它们放进猫厕所里。最初的时候，它们会反复爬出。主人一定不要灰心。重复几次之后，它们便学会使用猫砂盆上厕所了。这时主人需要及时表扬它，这会很快产生积极效应。

3.如果猫咪接受较慢，还可以在猫咪排泄之后，把它的粪便拿到猫砂盆掩埋起来，然后在喂食后将它放在猫砂盆里，它们也能很快学会自己到指定地点上厕所。

4.在猫咪还没有形成良好排便习惯之前，密切关注它的行为。掌握猫咪大小便的时间和规律，一旦它有大小便的迹象，要及时将之引导或者直接捉到猫厕所中。

5.保持耐心，这一时期进度可能会很快，也可能要持续1~2周。

技术要点三：做好本职工作，关注猫咪不使用猫砂盆的原因

▌及时清洁猫砂盆 ▌

有些有洁癖的猫咪会宁可憋着也不使用太脏的猫砂盆，或者直接选择在别的地方排泄。

主人需要一天铲两次猫砂。

尽量不要把尿和便便留在猫砂盆里，及时扔掉沾有排泄物的猫砂团。

根据情况更换猫砂，一般情况下两个礼拜换一次新猫砂即可。

排尿地点改变，有可能是生病了

有些疾病会导致猫咪尿尿和排便的次数变频繁，或者出现排尿困难，有时，有些猫咪就会选择猫砂盆以外的地方尿尿。

特殊时期的特殊表现

某些特殊时期的猫咪会改变排尿地点，比如，发情期的猫咪会喜欢用到处乱尿来划分地盘。

应激性排尿

（1）多猫家庭容易出现有一部分猫咪不愿意进猫砂盆在别处进行排泄的情况，需要用增加猫砂盆数量的方式来解决。

（2）不喜欢主人给自己新换的猫砂。

（3）猫咪在猫砂盆有不好的经验，比如遭到惊吓，或被抓去挨打。

（4）更换了猫砂盆的摆放位置，新的位置不够安静，总有其他动物来打扰，或者人来人往。

因感受到压力而不使用猫砂盆

（1）任何年龄段的猫咪，都会出现因为遭受压力不使用猫砂盆的问题。压力的来源包括搬家、规律生活突然改变、家中成员的改变等。尽量减少这些压力的出现，降低这种改变对猫咪带来的影响。

（2）多猫家庭的主人需要学会把爱尽量平均地分配给每一只猫咪，以避免它们因为争宠、争地盘或者活动空间过于狭小而产生压力。

每天抽出固定时间对猫咪进行爱抚，给它们刷毛，陪它们玩耍。玩耍时，主人不要只把关注点放在活跃的猫咪身上，对于老猫或只在一旁观望的猫咪也要给予表扬。这样，就能消除猫咪之间的争宠情绪了。

技术要点四：
及时纠正猫咪的圈地行为

‖ 进行绝育 ‖

发情时猫咪圈地现象会特别严重，如果不能忍受这种行为，主人可以给猫咪做绝育手术。绝育可以使猫咪领地意识、配种意识降低，喷尿现象也会随之减少。

‖ 消除乱排泄地点的猫尿味 ‖

猫咪尿液会吸引它们习惯性地去某个地点进行排泄。为了阻止它们再次出现在那里进行排泄，主人要使用除味剂清除猫尿液留下的气味。如果它们乱尿的位置是床或者沙发上，可以放一些散发它们不喜欢味道的东西，比如柚子皮、橘子皮，这样可以纠正它们的不良行为。

‖ 重复训练 ‖

如果驱逐、放有异味的物品都不能使猫咪停止圈地的行为，主人必须重新对其进行训练，并且反复练习。

睡在哪里才是好

　　来去自由的猫咪，对于睡觉的地方有着自己独特的需求。有的喜欢睡在主人给它准备的高床软枕里；有的喜欢睡在主人身边；还有一些更愿意跳到主人的床上，睡在主人枕头边；更有一些家伙，甚至会直接钻进被子，跟主人睡在一起。让它睡在哪里，是主人跟它共同作出的决定。总而言之，让双方都舒适的，就是最好的。不过，训练猫咪在固定的地方睡觉是需要费一番功夫的。主人准备好接招了吗？

技术要点一：独自睡觉的习惯要从小养成

给它一个没有后顾之忧的睡觉之所

　　这个地方不一定是锁住的笼子，只要是舒服的猫窝即可。在周围给它准备一些玩具，即使它晚上醒过来需要玩耍，也不至于去找你。另外，准备充足的食物和水。这样，不光玩耍时猫咪不会闹食，就是到了早上肚子饿了，也不需要吵醒正在睡懒觉的你。

让它独立睡觉的前几天要装聋作哑

　　调皮的猫咪当然不会那么容易就妥协。开始的几天它一定会在主人卧室外大声表达自己的不满。但要狠狠心，别理它；又或者弹弹它的鼻头，告诉它这样不好，好言好语劝它回自己的窝里去睡觉。时间久了，猫咪感到自讨没趣，也不会闹你了。

今天开始要自己睡了吗？

从小或者进门初期就要进行训练

猫咪一般很难改变已经形成的行为模式。因此，要养成它们独立睡觉的习惯，一定要从小就这么做。初进门的猫咪，睡觉的规矩也要在一到家就确立。

技术要点二：说不让上床就不让

作为独立性很强的动物，在没有主人许可的情况下，它们是不会跳上床钻进你的被窝的。

1. 睡前将猫咪关在独立的房间，或把主人自己的睡房门关紧，这是不让它们夜里上床的关键。

2. 如果猫咪白天也喜欢上床或钻被窝，要大声训斥，将猫赶下床。

如这种方法不能奏效，主人还可以尝试前面我们提过的方法正确地教育它。

技术要点三：我们一起睡吧

出于对主人的信任，猫咪在主人身边会睡得格外安心。

有的主人允许猫咪跟自己睡在一张床上，但谨记要定时带猫咪进行体检，保证其身体健康。另外，做好猫咪体内外驱虫工作，以免被其传染。注意睡觉的姿势，不要压到猫咪，还要注意猫咪夜晚排泄的问题，及时处理猫咪脱掉的被毛。

技术要点四：
不要这样睡

1.不要让猫咪睡在明火暖炉周围，这样做很容易烧到猫咪尾巴尖，酿成惨剧。

2.供暖器也并不安全，不建议让猫咪直接睡在暖气片上面，这会使熟睡中的猫咪在不知不觉中脱水。

3.猫咪很容易被卡在沙发缝、家具与墙壁的缝隙里面出不来，尤其是幼猫，所以不能让他们在这种地方睡。

4.冬天时，格外留心刚出生的猫咪，它们很可能会因为天冷蜷缩在一起，造成互相叠压，甚至因此窒息死亡。

温馨提示

睡在哪里真的没有固定的标准，唯一要注意的是，保持态度的一致性，不要今天允许猫咪上床睡觉，而明天又不允许了。

乖，夜里好好睡

　　所有人都知道猫咪是"夜行侠"。这是因为猫咪的祖先是生活在沙漠中的，昼伏夜出更有利于它们避开烈日，又能躲避天敌，另外，晚上进行狩猎活动还能减少体力消耗。所以，它们的身体条件也一直保持着更适合夜晚行动的特征，比如能够在黑夜中发光的眼睛、灵敏的鼻子、灵巧的身体。即便是被驯养，它们也还是更愿意在夜间活动。有些即使是跟主人生活了很长时间的猫咪，也不容易改变作息。但这就给主人带来了一些小烦恼，主人只能无奈地表示：乖，夜里好好睡觉行不行？

夜里猫咪在干啥？

天黑了，我们出去遛遛吧~

　　随心所欲地散步：在家里来回走动或蹦来跳去，甚至直接踩过主人的脸，好像皇帝出巡。

　　自娱自乐：分分钟来个往返跑，还是带急刹的那种；玩玩心爱的玩具，顺便发出叮里哐啷的响声。

　　打架逗乐：跟自家兄弟姐妹追逐玩耍，时不时来一次激烈沟通。

　　喊醒主人：半夜偶尔还会大声"唱歌"表达情绪。

　　用叫声示意主人一起玩耍或者表达自己想出去玩的意愿。

发情时闹情绪：谁都有想念"女朋友"或者"男朋友"的时候。如果得到"恋人"的回应，猫咪的嚎叫还会升级。

向主人求助：猫咪饿了或者病了的时候，在晚上会喊醒主人帮助它。

怎么才能让猫咪在夜间安静下来？

技术要点一：
暖暖的，更安心

猫咪会在温暖的地方睡得格外香沉。主人可以在猫咪睡觉的地方多放些柔软的垫子，并保持房间温度在22℃左右。这样可以促进猫咪的睡眠。

技术要点二：
吃饱了才有力气睡

猫咪晚上活动源于狩猎的需求。主人要让猫咪养成定时吃饭的观念，知道晚上是不用狩猎就能获得食物的。

喂顿宵夜免得它们半夜乞食，同时，吃饱了犯困，这点对猫咪也适用。

技术要点三：
最后一次玩耍时间放在睡前

即使猫咪半夜起来玩耍，这个时间也不会太久，15分钟左右它们就会继续睡觉了。这个玩耍需求如果能在睡前得到满足，猫咪便会心满意足地一觉睡到大天明。

技术要点四：绝育

针对猫咪半夜不睡觉及发情期嚎叫的问题，都可以用绝育的方法解决。绝育后，猫咪半夜不睡觉、打架闹事的现象会大幅减少。

技术要点五：有些看上去合理的做法其实不可取

‖ 不可控制猫咪白天的睡眠时间 ‖

有的主人认为，如果白天不让猫咪睡那么多，它们在夜里自会安睡。但其实，这做法会让猫咪神经衰弱，严重的时候，会让猫咪患上抑郁症。

不要将原本散养的
成年猫咪突然关在笼子里 ‖

很多主人害怕猫咪夜晚"捣乱"，所以把猫咪关在笼子里以限制它们的行动。但除非是从小就关在笼子里养的猫咪，成年后的猫咪是受不了这种突如其来的束缚的。有时，即使是猫咪想要睡觉，也会因

为突然被关而心情不好，从而加剧它的嚎叫行为。

如果打定主意晚上让猫咪在笼子里睡觉，一定要从小训练。将笼子布置得温暖舒服，同时记得放上水和猫砂，给笼子做好功能性区分。不强迫它们，让它们自愿睡在这个舒适又安静的小窝里。

‖ 半夜不要满足它的要求 ‖

对于猫咪半夜的一些需求，主人满足了一次，就会出现第二次。长此以往，猫咪就会养成半夜"骚扰"主人的习惯，并且变本加厉。因此，主人需要狠狠心，不要惯了它们的毛病。

猫咪的睡眠本来就是断点式的。睡一会儿，玩一会儿，再吃上一阵。就算是什么也不干，也需要换换睡觉的姿势。主人要做的是训练它们与人的生活习惯完全契合。这是一件需要时间、耐心以及技巧的事。

抓挠啃咬行不行

就猫咪的天性来说，抓挠、啃咬、蹦跳，都是很正常的举动。但想要跟人类更好地生活在一起，需要猫咪收敛一些它们的天性。不然会被解读成破坏性行为，其实这对它们来说是很不公平的。最好的办法是提供合适的替代品，将它们的这种天性释放在正确的物体上。因此要给猫咪提供猫抓板以及猫爬架，这两者是专门用来给猫咪磨爪及玩耍的工具，能让它们舒服地独自待着，在后面的章节，我们还会着重——进行介绍。

技术要点一：为什么受伤的总是主人的手

|| 特殊时期的特殊行为 ||

在幼猫长牙、换牙期间，为了缓解出牙的不适感，它们会抓住一切可以抓住的东西往嘴巴里送，尤其是在主人给它喂食的时候。

正确的做法：给猫咪购买一些啃咬的玩具，如咬胶，让它随时啃咬，这样可以满足它的磨牙需要。

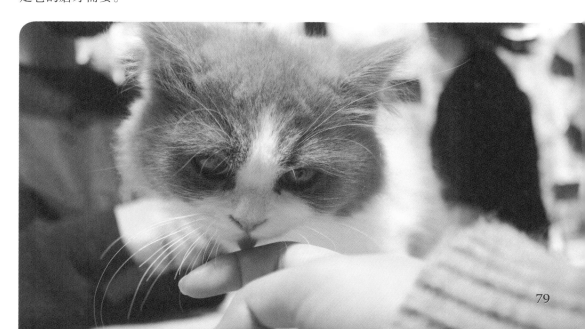

主人喜欢用手指逗弄猫咪

有些主人喜欢用手拿着食物喂猫，或者是直接用手逗猫。这在某种程度上纵容了猫咪咬人习惯。

正确做法：不要用手逗弄猫咪。主人要以身作则，不能引导猫咪啃咬手指。更不能因为猫咪咬了自己而打骂它。

手持玩具逗猫

主人拿着玩具跟猫咪玩耍时，由于反应没有它们快，猫咪也还没有学会缩爪子，不知道轻重，主人很容易被它们抓伤。另外，这一阶段的猫咪需要通过游戏锻炼自己的生活技能，比如捕猎。在没有同伴的时候，主人就是它的玩伴，主人的手就是猫咪的假想敌，它们会出现"游戏性攻击行为"。

正确做法：可以用逗猫棒进行逗猫，也可以把玩具拴在绳子或细棍上，这样可以防止猫咪抓人。同时在猫咪抓人的时候，主人要加以制止、让猫知道这样做是不对的。不要在游戏中让猫咪感觉受到威胁和感到紧张、恐惧。

技术要点二：
拯救可怜的窗帘

有部分猫咪对窗帘有着特别的热爱。扯着窗帘攀爬，跳跃，抓挠，无所不用其极。究其原因，可能一是没有更好的玩具代替窗帘，二是觉得窗帘很新鲜有趣。怎样才能转移它们对窗帘的热爱呢？

1.最常见的做法是往窗帘上喷柠檬水。猫咪非常讨厌柠檬水的味道，闻到这种味道就会跑开。

2.窗帘外轻轻挂上一块毯子。这样做是为了让猫咪跳上去的时候抓不牢而摔倒，让它觉得这并不是件好玩的事情。

3.挂上装有零钱的易拉罐。易拉罐会随着猫咪的攀爬而晃动，发出尖锐的响声。这种声音足以让猫咪远离窗帘。

4.猫爬架一定是攀爬最好的玩具。

如果以上方法都不能阻止猫咪的攀爬，只能给它们购置专门的猫爬架了。

技术要点三：
咬电线真的属于恶习

咬电线会导致猫咪触电死亡，因此一定要在它们出现咬电线苗头时就立刻制止。

1.不许咬电线，这是原则性问题。需要用最严肃的方法告诉它们这是不能碰的东西，主人的态度一定要坚决。

2.新房装修时考虑电线对猫咪的影响。在外面加装外壳遮挡电线。购买带开关的接线板，主人离开房间时关闭开关。

技术要点四：
请放过纸巾盒

几乎所有的主人都遇到过纸巾盒里的纸被猫咪扯得满地都是的情况。别的玩具都没有办法转移猫咪对纸巾的热爱。

1.选用带香味的纸巾盒。但千万不要选到猫咪最喜欢的味道，那样会适得其反。

2.将纸巾盒倒置。当它们发现不能轻易挠到里面的纸巾之后，很可能就放弃了玩耍的打算。但不要将倒置的纸巾盒放到桌子上，它们可能会开发另外一种新玩法，就是把纸巾盒推到地上。如果纸巾盒还能发生翻转，它们就会玩得更加不亦乐乎了。

3.在纸巾盒上放个装有一点水的纸杯。这一招基本上属于杀敌一千自伤八百的做法。猫咪不喜欢被打湿。当它们玩耍的时候打翻水杯，水溅到身上就会丧失玩耍的兴趣。但千万要确保你这么做时，纸巾的周围没有接线板及电子产品。也不要装过多水让纸巾变成用不了的湿纸巾。

温馨提示

饲养猫咪的主人，一定要格外细心。生活里很多不经意的细节，都可能对猫咪造成伤害，一定要防患于未然，这样才能让猫咪更长久健康地和主人生活在一起。

看这里看这里~

我的姿势
美不美~

我的猫砂盆~

Part 5

明星猫猫的
拿手好戏

生活不能离开它~

这是我的最爱~

我的演技好吗?

猫咪，来

　　猫咪很难被主人召之即来挥之则去。主人很难去勉强它们做自己不愿意做的事情。但猫咪又是很守规矩的动物，这点从它们无法忍受轻易改变熟悉物品的放置位置就能发现。因此，如果能够训练它们服从主人，猫咪会把指令记得很牢，不会轻易忘记。

技术要点一：
训练"来"的技能，先得有个名字

　　在中国，大部分的猫咪都有个共同的名字——咪咪。但作为明星猫来说，这个名字不觉得太平凡了吗？赶紧给它们取一个好听的名字吧！

　　1.猫咪听觉极其灵敏，所以给它取名字首先需要悦耳，这样猫咪听起来会有愉悦的感受。简单、连贯和顺口是给猫咪取名的几个基本原则。

　　2.取好名字之后，尝试呼唤猫咪。当它们有所反应，比如抬起头望向主人，或直接跳到主人的怀里时，主人要对它们进行赞赏，做出一些爱抚的举动。比如摸摸猫咪的头，用手帮猫咪梳理被毛。这样做有利于建立增强主人与猫咪之间的感情，减少训练猫咪的难度。

谁在叫我~

3.在开始训练前，应尽可能让猫咪多熟悉自己的名字。尤其是在喂食时，一定要呼唤它们的名字。猫咪应该很快就能记住自己的名字并对此做出反应。

技术要点二：口令、手势、美食一个不能少

1.当猫咪记住自己名字之后开始尝试训练"来"的指令。

2.将食物放在固定的位置，然后呼唤猫咪，对它发出"来"的指令，同时招手。

3.如果猫咪直接走过来吃食物，主人应及时表扬它，并不断抚摸它的脑袋和脊背。

4.如果猫咪没有反应，主人可以将食物拿起，摇晃，并再次发出"来"的指令，以达到让猫咪主动走过来的目的。

技术要点三：尝试用手势召唤猫咪

1.当猫咪可以用口令加手势完成"来"这个动作后，尝试只用手势训练。

2.大约一周左右，猫咪可以完成"来"这个训练。

3.如果遇到猫咪偶尔不能根据手势完成"来"的指令时，可以恢复到口令＋手势＋美食的训练方式。

技术要点四：改变吸引物

1.改用玩具重复进行训练，以免猫咪将"来"的口令与喂食之间形成条件反射。

2.不断穿插进行训练，直到猫咪对"来"的指令形成牢固的条件反射。

温馨提示

注意要在每一次猫咪做对动作后给予奖励以及用手抚摸猫咪。感情的交流有助于推动训练的进程。

什么？你也会握手

见面时握手问候是人类打招呼的一种方式，所以，主人们也很希望自己的猫咪学会这项技能。日常生活中，我们经常能看到狗狗跟主人握手，猫咪则不常见。但如果自家的猫咪能够学会这项技能，能够伸出爪子和你握手，这绝对是值得炫耀的技能。其实，要猫咪学会这项技能并不需要太长时间，所要做的是进行科学的训练。猫咪比人们想象的要聪明得多，只是看它们是否愿意配合。

1. 准备猫咪平时最喜欢吃的食物，牛肉干、鱼肉干等都很合适，用右手搓一下准备好的零食，使手沾染上肉香味。

2. 召唤猫咪到跟前，伸出右手，让它闻一闻上面的肉香味。

3. 猫咪闻到香味，会把头伸向手指，主人发出"握手"口令，顺势把手抬高。

4. 为了接近香味，猫咪会站起来，并伸出前爪试图抓住主人的手。

5. 乘机握住猫咪的左爪，再次重复"握手"口令，用另一只手把食物递给猫咪吃掉。

6. 握住猫咪爪子时轻轻摇动，并一再重复"握手"口令。

7.
每天重复训练数次。几天之后，它就能熟练掌握握手动作了。

温馨提示

猫咪学会握手动作后，只需要偶尔用食物来巩固训练即可。平时加强印象时，着重进行口令训练。

不能相信你也能叫坐就坐

相对于呼名训练来说，让猫咪明白"坐下"的命令属于稍难的训练。这个训练包含"坐下"以及"起立"两个部分。需要大约两周的训练时间。主人一定得有足够的耐心和信心去做这件事。刚开始猫咪不懂口令的含义或者做错动作时，主人应该包容和理解，并且根据猫咪的情况改变训练方法，耐心仔细地调教猫咪，直到它们能将"坐下""起立"形成条件反射后，才能结束这个训练的内容。当然，具体的训练周期也与猫咪天赋和主人的训练技巧有关，主人不能急于求成。

1.
主人在猫咪身边蹲下来，将手按在猫咪的背部靠近后腿处，对猫咪发出"坐下"的命令。

2.
如果猫咪可以在主人用手轻微施力的引导下乖巧地坐下，主人应及时地表扬它，同时用抚摸或给它美食予以奖励。

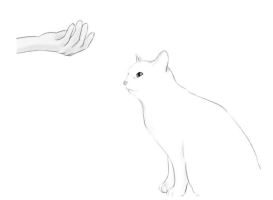

3. 当它能够持续坐一会儿后，主人可以对它发出"起来"的指令。

4. 顺势松开手不再限制它的行动，此时猫咪如能配合地站起来，主人同样要给予奖励。

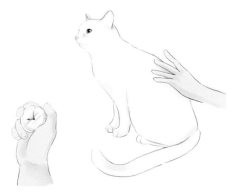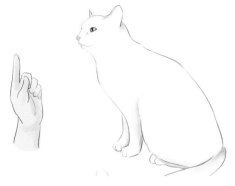

5. 逐步延长将手按在猫咪背部时长，延长猫坐下的时间。

6. 经过一段时间的训练后，主人逐步尝试单纯用口令让猫咪坐下及起立。

温馨提示

训练中出现猫咪中止训练，试图站立的情况，主人需要把猫咪带回原处，发出语气严厉的"坐下"口令，然后重复训练，直至猫咪能顺利完成这一命令。

我觉得打滚这事
你天生就会

　　即使不加训练，在日常生活中，我们也经常能看到猫咪打滚的举动，猫咪的打滚行为多半是无意识的。打滚对于猫咪来说，有多种不同的含义，有可能是邀请别的动物或者主人一起玩耍，也有可能是母猫向公猫求爱的表现。训练打滚这个动作，除了让猫咪显得更为服从及可爱以外，更大的作用体现在拍照的时候。很多明星猫咪的写真照片中都会出现猫咪很放松，打着滚的镜头，它们的眼睛眯成一条线，有时还伸着懒腰，甚是可爱。打滚是肯定可以训练的，一起来尝试吧！

打滚这样来训练吧

　　1.在生活中观察到猫咪出现打滚行为的时候，立刻在猫咪面前提到"打滚"两个字。在猫咪脑海中形成这个词汇与动作是有关联的印象。

　　2.开始训练时，多数猫咪会对主人第一次发出"打滚"的指令无动于衷。

　　3.主人应该在发出口令的同时，用手轻压猫咪的背部，将猫咪放倒在地上，温柔地滚动它们的身体。

　　4.当猫咪完成翻滚的动作后抚摸它们，并且立即给予适当的奖励。

5.在训练的前期猫咪并不会特别配合主人，因此，一定不能粗暴地对待猫咪，动作不能过于粗鲁或惹怒它。

6.坚持一段时间，大约一周左右，会看到猫咪的训练成果。

7.当猫咪可以对"打滚"指令迅速响应并且有求必应时，就表示训练成功了。

8.食物奖励用于训练初期时可以比较频繁地使用。当猫咪学会这个动作后，应逐步减少奖励，并增加难度，多打几个滚才给奖励，逐渐过渡到完全停止食物奖励改为抚摸或者口头表扬。

温馨提示

每隔一段时间应重复训练一次。训练的地点可以选在户外，如草地，这样可以让猫咪更贴近大自然。

爬木桩应该会给你
安全感

训练猫咪学会使用猫爬架对于主人的意义重大。它能让猫咪停止那些上蹿下跳的行为，也能让家具、窗帘远离猫咪的魔爪，更能让沙发上少一些掉落的猫毛。猫咪生性喜欢登高望远，攀高爬低，也喜欢在高处巡视"领地"。对于它们来说，猫爬架是一个栖息以及瞭望的场所。因此，让猫咪学会使用猫爬架，爱上使用猫爬架，对猫咪和主人来说，是两全其美的事情。

训练猫咪使用猫爬架必须从小开始。将木柱或木板放在猫咪最容易看见的地方，让小猫爬上爬下，自行寻找它愿意扒抓的部位。猫咪喜欢扒抓质地坚实的木板。在木板上裹上一层包绒或者缠线，猫咪会更愿意扒抓。有些主人在进行过这样一番辛苦布置过后，会发现猫咪完全对自己的杰作不感兴趣，甚至瞧都不肯瞧上一眼。这时候可千万别泄气，更别急着把猫爬架拿走扔掉，也许猫咪只是暂时性地忽视它，在你不注意的时候，它就会悄悄爬上去玩耍一番呢。

1.猫爬架训练，必须从小开始。

2.将猫爬架放于显眼处，让幼猫自行选择部位，爬上爬下。

3.如果猫咪对猫爬架兴趣不大，或不扒抓，主人可以将沾有猫咪气味的窝垫在木桩上来回摩擦，让它的气味留在爬架上面，或者直接抱起猫咪，用它的耳朵进行摩擦。因为猫咪耳朵部位有腺体，上面的腺体液会沾染到猫爬架上。

4.在腺体液的吸引下，猫咪会尝试到木柱上去扒抓的。

温馨提示

猫咪在睡醒后有立即扒抓的习惯，如果将爬架放在猫窝附近，可以增加它们使用的频率。有研究表明，大部分的猫咪对黄色和紫色系的颜色特别偏爱，如果条件允许，选择这些颜色的猫爬架，会让猫咪更加高兴哦。

装死这种神演技
你也有

　　其实，装死这种技能在猫咪的日常生活中真的是没什么机会使用。除非主人用来展示自家的猫咪异于"常猫"，除此之外，并没有什么特殊作用。但明星猫的主人如果想让自家猫咪成为猫界的奥斯卡金像奖得主，也可通过训练让猫咪学会这项技能。主人跟猫咪一起努力吧！

听声而躺

　　让猫咪学会躺下这件事再容易不过了，跟"打滚"的训练方法一样。主人先发出"躺下"的命令，再用手顺势将猫咪轻轻推倒。

　　难点是猫咪需要配合听到主人发出"啪"的枪响应声而躺。中间不能有任何停顿。

　　主人可以偷懒直接用"啪"的声音直接替代"躺下"这个口令。另外加上打枪的手势进行训练。

　　实际操作为：一手做打枪状，嘴里发出"啪"的声音，一手温柔地将它推倒，并抚摸它。让猫咪觉得躺下是一件很舒服的事情。并能够将枪声、口令跟躺下的动作联系到一起。

"死"要"死"得逼真

中枪躺下后保持不动是这个训练成败的重点。为了避免出现"死而复生"的失误,主人需要训练猫咪延缓站立。

当然,开始训练的时候,肯定是不会成功的。躺下不久猫咪就会挣扎着站起来。此时,要用禁止口令制止它这么做,并用行动限制它。如果它顺从地继续"装死",应给予食物奖励。

注意:此时不必重复"躺下""啪"这种口令,要让它明白,下达一次口令之后要一直躺到主人允许它起来。

"死"要"死"得彻底

既然是装死,就必须能抵抗得了其他人的诱惑。或者说,只有在主人的解除命令下达后才能站起来。

此时,需要一个家人帮忙。这个家人可以是家里它第二喜欢的人,在它跟前做逗引,或者动动它的脚。如果它有"复活"的迹象,仍然需要重复禁止指令,限制猫咪行动。期间猫咪完成度好就要及时给予表扬。

复活才是整个训练的结束

主人用"起来"作为整个表演的结束指令。对这个指令猫咪也需要及时响应，才能视为完成了整个"装死"表演的全过程，不能躺在地上一动不动，继续"死下去"。如猫咪完成度较好，主人一定要给猫咪一个大大的奖励。

温馨提示

"装死"的过程是一个经过训练时间逐渐延长的过程，不要急于在开始的时候就要求猫咪做到多长时间。整个过程虽然看上去并不复杂，但其实是多个训练的集合，对猫咪跟主人的耐心都是一种考验。有的猫咪可以把演技训练得炉火纯青，而有的猫咪并不能训练成功，主人不必过于强求。学会"装死"本就是一件锦上添花的事。

跳环属于猫界的
花式表演项目

　　跳跃对于猫咪来说简直是轻而易举的事情，但如果加上了跳环的过程，增加了难度，也就增加了这项活动的可看性。成年猫一般能轻易地跳过50厘米高的障碍物。当它们灵敏而优美地钻过圈圈时，旁观者会忍不住鼓起掌来。明星猫，就是要获得这样的待遇。

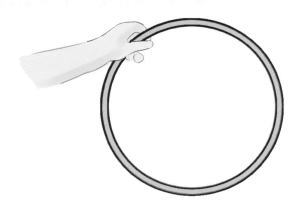

猫咪跳环这样练

　　1.用于训练的跳环可以是竹制的也可以是铁制的，大小以30厘米为好。自制或者用滚铁环游戏的铁环均可，重点是空间足够猫咪跳过其间。

　　2.刚开始训练时，从地面训练做起。主人将跳环直立放在人和猫的中间，发出"跳"的指令。

　　3.如果猫咪能直接从环圈中间穿过最好。如果不能，主人需要在跳环的这边用手示意它穿过。如果成功，及时给予猫咪奖励。

4.如果猫咪从环圈旁边绕过，主人需要用语言表示不满，告诉猫咪这样做是不对的。

5.重复训练，直到猫咪建立"跳"跟"钻圈"之间的关联，一听到"跳"的指令便会飞快钻过。

6.逐步升高跳环，增加它与地面之间的距离。开始不要增加太多，让猫咪微微用力蹦过即可，以免猫咪不听指令，放弃训练。

7.主人可采取食物诱导法，将食物吊在环圈内对其进行引诱，并不断发出"跳"的口令，只要猫咪可以成功跳过一次，它的胆子就会大起来。往后的训练就容易了。

8.整个过程需要持续一段时间，主人应逐步减少食物奖励，直至在没有食物奖励的情况下猫咪也能跳环成功。

9.当猫咪能轻松跳过离地30~60厘米高的环圈时，代表训练成功。

温馨提示

训练过程会很漫长，不要让猫咪每天重复训练，这样做对于耐心不好的猫咪来说，简直是折磨，它们很快会因此而放弃的。注意更换训练中的吸引物，让猫咪对训练保持耐心。

来~亲亲吧~

飞，看你怎么飞！

Part 6

待人接物
好教养

看我的蝴蝶结~

再看把你吃掉~

乖乖坐好~

一只猫也要**乖乖的**

　　不能否认，很多主人选择猫咪作为伴侣宠物，就是冲着它们的独立性去的。繁忙的都市人认为猫咪的自理能力很强，可以不用花太多时间陪伴，但其实猫咪只是外表高冷的动物，它们不主动寻求陪伴，不代表它们内心不需要陪伴。它们能独立搞定生活中大部分事情，不代表不需要主人关爱。工作异常繁忙的主人，除了要注意训练猫咪独自在家的能力外，还要尽量抽出时间来陪伴猫咪。

出门之前这样做

　　不要以为猫咪听不懂主人在说什么，猫咪比主人想象的更加能明白主人心意。出门前，主人要态度亲切地告诉它自己要去哪里，承诺回来给它好吃的以及带它出去玩。它们可以记住这些，然后乖乖在家等待。

主人不在天也不会塌

　　出门前，给猫咪留一点好吃的零食，让它知道，没有主人，还有美食。

　　如果怕猫咪吃了太多零食，影响吃正餐，可以将猫咪爱吃食物的味道抹在玩具或猫咬胶上，以取代零食。

　　将沾有自己气味的衣物留一件给它，这样能让它在独处时感到安心。

平时可以进行分离训练

在猫咪还小的时候，尝试给它们一点零食，离开几分钟再回来。开始的时候，猫咪会高兴得上蹿下跳，之后，逐渐拉长外出时间，直到猫咪对主人的进出习以为常。

窗户对于猫咪的意义
就像人类拥有了电视

猫咪打发时间最好的方式就是看风景。它们可以一动不动地在窗边看得津津有味。但高层住户在使用这一方法的时候，需要将窗户关闭，同时要注意把窗帘绑好。

如果主人习惯出门时，让猫咪待在猫笼里，可以在正对猫笼的地方贴上一张风景画，或开着电视，这样能让猫咪打发独自在家的时间。

温馨提示

长时间出门时，一定要给猫咪准备好食物以及饮用水。当然也少不了猫抓板和玩具，猫咪也是会怕孤独的。

脾气好性格佳
也是加分点

　　不管对于人还是动物来说，拥有好性格总是会特别受人欢迎。想要养猫者或者是已经饲养了一段时间的猫咪主人，对于猫咪的一般习性还是有所了解的。每只猫咪的脾气秉性都不完全相同，有爱玩耍打闹的，有整日酣睡的，有喜欢整天跟主人黏腻在一起，以撒娇卖萌为生的，有不喜欢主人过多的抚摸和搂抱它的。只有在了解猫咪的个性后，才能有的放矢，与它们深入沟通，这样有利于建立和巩固人与猫之间的感情。

技术要点一：
成为猫咪的好朋友

　　尽管有的猫咪天生坏脾气，但通过后天的训练也能让猫咪变得通情达理。这需要主人先跟自家猫咪交上朋友，潜移默化地影响猫咪，让它变得柔和起来。

　　刚开始接触时，先不要急于和猫咪示好。在它吃食时与它轻声交流，就像人们在午餐时间闲聊一样，这是个很好的沟通时间。当猫咪表现出非常放松的状态时，再接近它，千万不要一上来就抚摸它。主人要有耐心且态度温和，千万不能随意打骂，猫咪会觉得家里不够温暖而情绪不高。

我脾气很坏吗？

技术要点二：
突然发生的攻击一定有原因

尽管大多数的猫咪在翻脸之前会有明确的信号。但确实也有一部分猫咪会出其不意地咬人，比如正在主人腿上睡得好好的猫咪，突然就生气咬主人一口。这种情况通常出现在公猫身上。它们这样做的原因是：

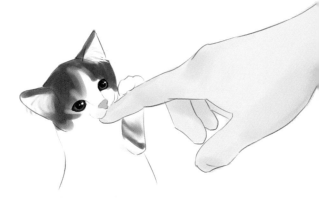

1.猫咪被主人抚摸得烦躁了，但又不知道用什么方式告诉主人自己不开心，只好咬上一口。主人可以通过加深对猫咪的了解，知道猫咪哪些地方能摸，哪些地方不能摸来避免这些行为的出现。

2.猫咪在抚摸中睡着了，又突然被主人某个动作惊醒，却发现自己被制约住，一时没想起来怎么回事，于是发动了突然的攻击。

3.转移怒气。猫咪容易感受到威胁。比如附近有其他猫咪或家里有它害怕的东西时，它们被激怒了却一时找不到发泄对象，转而扑向了最近的人。

4.主人身上沾染了别家猫咪的气味。如果主人外出后接触了别的猫咪，自家的猫咪会瞬间对主人产生陌生感，拒绝跟主人接触，甚至抓挠主人。

简单来讲，大部分猫咪突发的进攻都是源于恐惧。主人一要通过观察，切断猫咪的压力来源；二要轻言细语，将动作放缓。这两种做法都可以帮它们缓解紧张情绪。切不可因抓而怒。另外，有些猫咪会因为疾病性格突变，主人要做的是带它们去看医生。

谁说我的脾气坏！

技术要点三：
有针对性地纠正猫咪的坏脾气

1.老猫需要小猫陪。注意，这种做法也得根据自家猫咪的情况来选择。大部分的公猫无法负担起养育小猫的职责，老年的母猫比较适用。

①小猫需要由不认识的陌生朋友带回家，不要由主人带回家。以免老猫产生嫉妒心理。

②如果老猫对小猫展现出了敌意。主人可采取以下措施：每次跟小猫讲话的时候，同时也要跟老猫说话。同时每次称呼小猫的时候，用"老猫的XX"指代小猫，使老猫跟小猫之间产生联系。

2.如果发现猫咪对于某个人的出现特别紧张。要用同样的方法，将对方称呼为"这是XX的猫咪，它是猫咪的XX"。这样会驱散猫咪心中的焦虑。

3.如果确认猫咪的紧张来自于主人。主人需要自行反省，减轻自己对猫咪造成的压力。一旦主人心态放轻松了，猫咪也就轻松了。

4.不要利用药物控制猫咪的情绪，要用训练技巧重建猫咪的正确行为习惯。

5.轻柔的音乐可以让猫咪紧张的神经松弛下来。主人可以和猫咪一起放松。

看我的心情如何~

温馨提示

一般情况下，猫咪是不会主动发动攻击的，大多是因受到威胁或者受到惊吓。平日里尽量不要影响猫咪的情绪，按时给猫咪修剪趾甲，以免趾甲过长伤人。

让猫狗成为
好朋友

微博上有一对猫狗好朋友受到了众多网友的追捧，那是一只萨摩耶狗狗与一只折耳猫咪之间的友谊，它们相亲相爱的日常相处照片是网友们争相转发点赞的对象。而实际生活中，很多猫狗却不能和平相处，而是见面必打，这让同时深爱狗狗跟猫咪的主人万分为难。其实，主人可以掌握一些技巧，帮助它们成为好朋友，愉快地相处，甚至还能互帮互助，做出一些令我们感动的事情。

技术要点一：
从小一起长大比较轻松

幼猫和幼犬一起喂养，从小一起长大，变成好朋友的概率更大一些。因为共同度过社会化时期，所以互相之间没有陌生感。它们会在成长中确立等级，形成自己的相处模式。

性格温顺的成年狗狗和年幼的猫咪相处起来比较容易。

但成年的猫咪一般不太能接受狗狗，不管是年幼还是成年的。

来呀，亲一下吧~

技术要点二：哪些品种的狗狗更适合跟猫咪生活在一起

不要选择捕猎天性较强的成犬给猫咪当朋友，尤其是那些曾被用来赛跑、打猎的大型犬。它们会把猫咪当作追捕的对象，导致家无宁日。

北京犬、巴哥犬这种面部扁平，眼球突出的犬种也不适合与具有攻击性的猫相处。

蝴蝶犬、比熊、雪瑞拉、金毛、拉布拉多等都是比较适合跟猫咪养在一起的犬种，在一起出现有爱画面的可能性较大。

技术要点三：第一次见面很重要

1.不管"原住民"是猫咪还是狗狗，一定要将新来的一方单独放在一个地方，不让它俩有接触，但要让它们都能感受到对方的存在。因为首次见面时，一定是狗狗主动先去接触猫咪。而猫咪是不能接受狗狗这种突如其来的靠近的。甚至会伸出利爪给狗狗来上一抓，如果初次见面就如此火爆，以后就更不能友好相处了。

2.初次正式见面时，用牵引绳拴住狗狗或者将它们抱在怀里。如果猫咪乐意，让它闻闻狗狗的气味。如果猫咪害怕，也不用强迫它接近狗狗。每当狗狗过于接近猫咪时，立刻拉紧牵引绳。当它们双方知道需要保持距离时，及时给予奖励。等它们相互熟悉才逐渐放开绳子。

技术要点四：
给猫咪准备退路

狗狗天性喜欢追逐玩耍，不可避免会跟猫咪逗乐。细心的主人应该为猫咪安排一个逃跑通道，比如柜子顶或只有猫咪可以通过的小门。聪明的猫咪知道自己有藏身之处，在与狗狗相处时会变得安心，对狗狗的追逐行为也会比较宽容。

技术要点五：一视同仁

开头几天，主人要更加注意原住宠物的情绪，可以适当多偏向它。但在之后的生活里，一定要保证两者之间平等。当然，也不能因为有了新宠物而减少对原住宠物的关爱。平时陪伴15分钟，不要减少为10分钟，尤其是猫咪，对这种变化是很敏感的。

技术要点六：
这些事情值得注意

1.即便它们之间相处得很好，猫咪也是一种希望有自己空间的物种。主人一定要满足它的这一需求。当然，如果猫咪愿意跟狗狗亲密无间，那自然也是最好。

2.猫咪和狗狗的共患病不算特别多，主要集中在寄生虫病方面，因此进行驱虫的时候要二者一起。

猫咪和猫咪也要做
好朋友

　　自然界中的猫咪互相都可以成为好朋友，何况进入家庭成为宠物后。两者之间没有了食物之争，如果能处理好领地关系，是容易建立起友谊的。不过领地关系也正是让两只猫咪成为好朋友的关键。如果它们之间不能形成一定的等级关系，由于地盘意识和互相之间的排斥不能通过距离解决，时间长了，猫咪会积累负面情绪。一来容易家无宁日，二来猫咪也容易罹患心理疾病。主人需要科学干预，不可以任其发展。

技术要点一：环境、猫龄、品种、性别和性情

　　把猫咪带出门玩耍时，主人会发现，有些猫咪很容易在一起成为朋友，而有些猫咪则很难跟其他猫咪相处，这便是性格使然。

1.两只成年猫的磨合需要相对较长时间，而小猫和成年猫则会很快融洽起来。

2.两只年龄相仿的小猫同时进门，也会很快成为好朋友。

3.两只已经绝育的猫咪，无论公母，都比较容易相处。

4.纯种猫咪性格相对温和，也是很好相处的小伙伴。

技术要点二：预防措施要做好

1. 在互相见面之前"没收武器"，给两只猫咪都修剪趾甲。

2. 给新来的猫咪准备一个原住猫的垫子，铺在它的笼子里。

3. 见面之前，在新来的猫咪的身上抹上肉或者鱼，使之带上的味道。见面后，鼓励原住猫舔舐新来猫咪的被毛。

4. 在家准备临时躲避处，确保双方在发生争执时都能躲起来。

5.刚开始接触时，让两只猫咪能互相嗅到和看到对方，但互不接触。如果原住猫之前并不是笼养，不要使用笼子。这样会让它认为，是新的猫咪造成了它不能自由活动，导致它对新来的猫咪产生怨恨情绪。

6.让两只猫咪在同一房间进食，并且要把食盆放在有点距离、但双方又都能看清对方食盆里面装的食物的地方。

技术要点三：谁是老大

尽管猫咪会把主人当成室友，但也得让猫咪明白主人是"寝室长"，它们都是"寝室长"的小跟班。这样，猫咪之间的矛盾就减少了，可以更和谐地相处。

如果要给猫咪绝育，那么两只都要做。不然，做过绝育的猫咪会被欺负。大家都一样，才能和平友好相处，谁也不嫌弃谁。

猫咪也能跟鼠鼠
和平相处

　　猫抓老鼠是天性，那是因为老鼠体内丰富的牛磺酸可以增强猫咪的夜视能力。猫咪不会放过任何捕获它们来满足自己需要的机会。现在有很多家庭饲养了仓鼠作为宠物，是不是意味着就不能再多养一只猫咪了呢？或者家中已经有了一只猫咪，仓鼠到家之后，是否就一定会惨遭猫咪的"荼毒"呢？其实，事情也没有那么绝对，一只受过训练的明星猫咪，在主人巧妙的安排之下，它也许是会与仓鼠友好相处的。

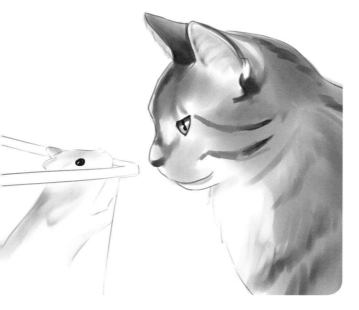

技术要点一：
不要散养仓鼠

　　即便没有猫咪，散养仓鼠也是不好的，一不小心就会让仓鼠趁机逃跑。

　　给仓鼠准备一个足够结实的笼子是猫咪和仓鼠和谐相处的重要保证。

　　不要挑战猫咪追逐的天性，尤其是灵活的小仓鼠。一旦散养，一定会刺激猫咪进行追逐，成为它们最喜欢的玩具。

技术要点二：
不能出笼的仓鼠需要运动

野外的仓鼠需要四处寻找食物，当被圈养之后，运动量过少会使它们变得肥胖。所以，要给仓鼠准备一个仓鼠跑球，让它维持一定的运动量。这样既能保证它的安全，也能保持健康。

技术要点三：
仓鼠出笼时不要让它们单独相处

仓鼠笼需要清洁，垫材也要及时更换。因此，难免会有让仓鼠留在笼外的情况。这时，主人需要打起十二分的精神。关注猫咪的动向，一旦它出现拨弄仓鼠的情况要及时制止。不要让仓鼠呆在外面过久，这样很容易激起猫咪的捕猎欲望。

技术要点四：要确认猫咪对仓鼠
行动失去兴趣才能尝试放出仓鼠

一般来说，猫咪跟仓鼠共同生活一年以上才能考虑将仓鼠放出来让它们相处。这时的它们彼此熟悉和信任，猫咪才会只跟仓鼠玩耍而不会捕捉它。

 温馨提示

无论什么时候，不要让猫咪和仓鼠单独玩耍，即便它们已经很熟悉了。谁还没个心情不好的时候呢？

当猫咪对家里其他动物 动手动脚时

猫咪家族是动物界的"战斗民族"。除了一些生性不喜热闹、"不问世事"的猫咪，大多数的猫咪总是喜欢走到哪打到哪。同类、狗狗、兔子，大多数宠物都是它们练手的对象。打斗不严重的时候，尤其是猫咪和狗狗闹着玩时，主人会选择隔岸观火，让它们在玩耍中沟通。但不能眼见战斗升级而不劝架，主人需要学会有效地制止猫咪的打斗行为。

技术要点一： 来玩啊，打什么打

这种方法适用于猫咪和其他动物处于对峙期间或是玩闹阶段。

在它们并不真正愤怒或者没有打起来的时候，一条猫咪最爱的小鱼，也许就能结束战斗。但这一招对打红了眼，决定死缠在一起，决一雌雄的猫咪来说是完全无效的。主人需要想别的办法来处理了。

技术要点二：
教育猫咪远离虾蟹

猫咪敢于跟任何动物打架，多半得益于自己灵巧的身手。但面对虾蟹的时候，由于对方的武器也是利爪，猫咪可就不占上风了，被虾蟹夹个鲜血直流的可能性很大，还没法抓伤对方。这时猫咪肯定是需要主人帮忙的，在帮助猫咪摆脱困境后，主人还可以及时教育猫咪，让它们以后远离虾蟹。当然，有过此经历它们自己也会多长记性。

技术要点三：
兔子急了会踹猫

在猫咪跟兔子的打斗过程中，不全是猫咪占上风哦。温柔的兔子其实很有攻击力，不是有句老话叫"兔子急了还咬人"吗。在跟猫咪的对打中，兔子一般使用后退连环踢，猫咪是会被吓呆的。不过，兔子耳朵是弱点，它们打架时，主人还是尽快拉开为好，以避免它在打斗中被猫咪抓伤。

技术要点四：狗猫相争狗先撤

　　体形相似的猫狗打架，狗狗往往处于下风，因为它们更喜欢用牙咬伤对方，而猫咪的打法是组合形式，它们往往利用前爪将对方锁住，然后用牙齿咬、用腿蹬，灵活运用全身技能，狗狗基本上没有下嘴凑近的可能。由于狗狗服从性较高，主人可以在它们对峙的时候就让狗狗离开，防患于未然，把一场恶斗化解于无形。

技术要点五：
让猫咪远离食物链下端的动物

　　即便猫咪没想吃掉其他的宠物，但当它们面对自己食物链下端的小动物时，比如活蹦乱跳的小鱼、小鸟等，还是会忍不住伸出它的"魔爪"。此外，猫咪还喜欢攻击植物。对于这些东西，主人要么从小训练猫咪远离它们，要么就用水族箱隔离小鱼。将小鸟安置在猫咪无法接触的地方。

技术要点六：
打斗后的处理

1. 尽快隔离双方，不要给猫咪第二次扑上去的机会。

2. 检查双方伤情，及时发现猫咪身上的隐蔽伤口。一般来说，猫咪打架造成的伤口看似细小，但却很深，经常是隐藏在被毛之下，不太容易被主人发现。因此，在打斗后的几天，需要持续观察，发现伤口红肿及时送医。

技术要点七：
不一定要成朋友，相安无事也好

有些猫咪确实生性孤僻，但它们也不会特别有攻击性。只要新的动物不要招惹猫咪，猫咪也不排斥其他动物出现在家里，互不干扰，这也是一种好的生存状态。起码，主人可以同时拥有自己喜欢的两只动物。

温馨提示

打架不能打完就算了。对于一些善妒的动物要照顾它们的情绪，不管是猫咪还是其他动物。只有让它们不觉得自己被冷落，才不会因妒生恨，总是发生打斗。

看我的眼睛~

小耳朵美吗!

Part 7

我的美
谁都看得到

针梳~

排梳~

哼，嫌我掉毛!

我走的是名媛风~

眼睛是主人
最爱我的地方

　　一直以来，猫咪的眼睛被赋予了各种神秘的色彩，这大概是由于它们在黑暗中出色的表现，以及眼睛色彩斑斓的颜色。猫咪眼睛颜色最常见的是黄色和绿色，其次是橙色和蓝色，极少数喵星人还拥有紫色的眼睛，它们在黑暗中闪闪发光。除此之外，按自身比例来说，猫咪眼睛的大小在哺乳动物中算得上名列前茅。如果等比例换算成人类的眼睛，猫咪一只眼球的直径会在15厘米以上，主人是不是特别羡慕？作为明星猫咪，一定要对眼睛多加爱护。

技术要点一："出厂"程序请知晓

　　猫咪出生后的5~10天才会睁眼，此前一直处于闭合状态。这个时候千万不要用手掰开它们的眼睛。此后即使偶尔眼睛微睁，它们也看不到任何东西，同时也听不见任何声音。

　　虽然长大后瞳孔的颜色各不相同，但刚出生时，由于眼睛上覆盖了层蓝膜，小奶猫的眼睛都是灰蓝色的，大约一个半到两个月，才会逐渐显示本来的颜色。而猫咪眼睛真正完全发育好，则要等到四个月左右。

　　跟人类一样，猫咪老了以后，视力也会衰退，看不清东西，甚至可能患上难缠的眼部疾病。

技术要点二：
保护视力从日常开始

对于猫咪来讲，想要拥有漂亮健康的眼睛，不可缺少的营养物质是牛磺酸和维生素A。

牛磺酸直接影响猫咪的眼部发育，如果缺乏会导致猫咪视力下降，更严重的则会导致失明。而牛磺酸是不能通过猫咪体内合成的，需要从食物中摄取。

喂食猫粮的猫咪，一般来说不会遇到牛磺酸不足的问题。质量合格的猫粮中都会添加足量的牛磺酸。而主人自制猫粮时，添加动物内脏（特别是心脏、脑、肝脏等部位）以及鱼类也可以给猫咪补充牛磺酸。

维生素A的主要功效是保持猫咪眼睛明亮，视力正常。动物肝脏、鸡蛋、奶制品、胡萝卜等富含维生素A。

我的眼睛美不美？

技术要点三：
猫咪也有眼保健操

经常给猫咪做一下眼保健操，不但有助于缓解它们脸部和眼部的压力和疲劳，更是主人和猫咪之间增进感情的好时机。

▍ 轮刮眼眶 ▍

从猫咪眉头刮到眉尾，再从眼睛下方往上拉提。

‖ 揉捏睛明穴 ‖

在眼头偏上方用指腹轻轻揉捏。

‖ 揉捏推送 ‖

用双手食指和拇指揉捏猫咪的鼻顶和头后方，将耳朵向头顶做推送动作。

温馨提示

尽管肝脏中有丰富的维生素A，但长期过量摄入维生素A会引起猫咪中毒，因此切不可以"顿顿给猫吃鸡肝"为荣，偶尔食用即可。

美人不该有利爪

　　猫咪的爪子对它们来说是多功能的武器，自由伸缩，弹性好。但它们年幼的时候，并不能熟练控制自己的爪子，因此经常会不小心误伤主人或者其他同伴。一般情况下，如果猫咪经常运动，充分地磨爪子，即使有一个懒惰的主人，它的爪子也不会出什么问题。但主人并不是说就可以不管它们了，因为即使猫咪趾甲外层老化的部分得以脱落，新的趾甲还是很锐利的，外出跟别的猫打架或者玩耍时，会给自己造成更严重的伤害。

技术要点一：
学会正确的剪趾甲方式

▌ 找一个舒适的位置将猫咪放在两腿之间固定好，
用抚摸帮助它放松紧张的情绪。

2. 轻按猫咪爪垫上方靠近跖骨尾部的位置，让猫咪
趾甲伸出来。

3. 对光观察猫咪的趾甲，可以观察到一条明显的
粉红色的血线。一定注意不要剪到那里，猫咪会受
伤。开始时少剪一点，增加修剪趾甲的频率。

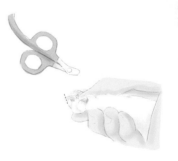

注意，正常情况下，剪趾甲时猫咪不会感到疼痛，但如不小心剪到猫咪的爪垫就
会出血，主人需要特别小心。

技术要点二：
使用专用猫咪趾甲剪更安全

猫咪专用趾甲剪更加安全，不
会发生刀口改变位置的情况而误伤猫
咪。选择一只个头小且质量好的猫咪
专用剪，省时省力又安全经用。

技术要点三：
前、后爪的趾甲都需要剪

年轻时，猫咪后爪由于奔跑行走时经常蹬地或抓地，所以磨损度会比前爪高，需要修剪的情况不多。而长期家养又或者是猫咪年纪大了，运动较少，大部分的时间都用来睡觉，这种情况会造成后爪趾甲比较尖锐，给这些猫咪在修剪趾甲的时候，主人要注意一下后爪的趾甲，注意观察，随时修剪。

为什么把我包起来~

技术要点四：
不配合就把它包起来

如果遇到实在没法控制的猫咪，主人们可以用一条小被单把它包裹起来，抱在怀里，只露出头和需要剪趾甲的那只爪子，迅速给它剪完。记得一定要做好安抚工作，不要给它留下阴影，有了一两次成功经验后，猫咪就会对剪趾甲这件事习以为常。也可以趁它睡着，动作迅速地一次剪一两个趾甲。

技术要点五：
长毛猫需要先剪毛

　　长毛猫的主人通常会被它们指缝间过长的被毛阻挡视线。所以在给长毛猫剪趾甲之前，可以先用迷你电推子修剪下它们爪垫上的乱毛，然后再剪趾甲。如果猫咪对剪毛比较敏感或者绒毛并不过长只是阻挡住了视线，主人们还可以将猫咪趾间的被毛打湿弄成毛簇，这样也可以露出趾甲尖端。

温馨提示

　　①磨爪用品不能代替剪趾甲，剪趾甲是为了修剪掉趾甲新长出来的锐利部分。

　　②看上去很美的趾甲套会限制猫咪的相关活动，让它焦躁。如果猫咪觉得不舒服还会啃咬趾甲套，影响健康。

　　③不要对猫实施去爪术，这是一件很残忍的事情。

明星都是
武装到牙齿的

　　近些年来，大家对于给猫咪刷牙这种科学养猫理念的接受程度越来越高。猫咪如果长期存在食物残渣存留在牙齿缝隙中无法彻底清除的问题，会产生牙石，继而产生严重的牙龈和口腔问题。从来不清洁牙齿的猫咪，甚至在几岁时就可能因为患上严重牙周疾病，而不得不拔牙。

技术要点一：
猫粮并不能彻底清除食物残渣

　　尽管不少猫粮会做成特别的形状，号称可以起到清洁牙齿的作用，但养过猫咪的人都知道，猫咪吃饭从来都是狼吞虎咽，任何形状对它们来说都一样，所以，通过咀嚼洁牙的效果微乎其微。最好的方法依然是给猫咪刷牙。主人们不要贪一时省事而忽略猫咪牙齿健康哦！

这是什么好吃的？

技术要点二：
刷牙可以从纱布开始

千万不要没有做任何准备工作就直接开始给猫咪使用牙刷。在不确定猫咪是否能够接受牙刷时，先尝试把手指放入猫咪嘴巴里，让它们习惯这个过程，从小训练最好。最安全的刷牙方式是用手指包裹纱布为猫咪清洁牙齿。

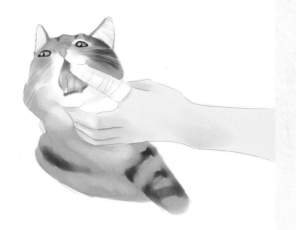

这是什么好吃的？

技术要点三：柔软的小刷头
牙刷最适合给猫咪刷牙

尽管纱布最安全，但其包裹在手指上，整个体形较大，如不是非常必要，最好不用，只适合给非常抗拒牙刷的猫咪使用。指套型牙刷非常软，但是体形也较大，体形小的猫咪使用起来比较有难度。还有一种猫咪用的牙刷外形跟人类用的差不多，但缺点是较硬，猫咪得有一段时间才能适应。综合起来，给猫咪选择牙刷，既要考虑清洁能力，也要考虑实际情况。为了保护猫咪的口腔和牙龈，牙刷的刷头应尽量柔软，而且刷头体积不能过大。不仅不能偷懒为它们选择人用牙刷，也不要随便选择大中型犬使用的牙刷，以免引起猫咪口腔不适。

温馨提示

严重的牙周疾病会导致猫咪的脑部受到感染，危及生命，因此主人一定要对猫咪牙齿的健康状况格外留心。

洗刷刷才能
美喵喵

关于要不要给猫咪洗澡的问题，主人们一直持有两种截然相反的观点。认为不该洗澡的主人觉得，猫咪本身就是爱清洁的动物，自己能够处理一切，甚至一辈子都不用洗澡。他们觉得洗澡会让猫咪陷入不必要的恐慌，甚至出现应激反应，导致两败俱伤，很多不洗澡的猫咪一样健康长寿。而认为需要给猫咪洗澡的主人则说，虽然不洗澡猫咪看起来没有什么问题，但爪垫、尾巴等位置还是会脏兮兮的。尤其是长毛的猫咪，被毛会打结，到了换毛季一定要洗。

要给我洗澡吗？

其实，就现代社会来说，猫咪不洗澡基本上不现实。住在湿热环境中的猫，如果不能彻底清理皮肤，很容易产生皮肤问题。同时，洗澡的过程也是对猫咪的健康进行检查的过程，可以发现隐藏在猫毛下潜在的皮肤问题。尽管猫咪会在洗澡时感到恐慌，但只要从小训练，它们还是可以接受的。洗澡次数不用太多，具体清洁的方法要因猫而异。

技术要点一：
准备工作要做好

1.选择好天气时给猫咪洗澡。天气冷的时候，要保证浴室跟室内温度相差不大，可用取暖设备把室内温度调高。

2.洗澡前检查猫咪全身，看有没有伤痕以及寄生虫。如果发现异常，及时处理。对于长毛猫，可以对被毛进行局部修剪。

3.修剪肛门附近及爪底的被毛，洗澡前给猫咪剪趾甲。

4.有条件的话，两个人一起给猫咪洗澡。一人主要负责清洁工作，一人负责安抚猫咪的情绪。

5.洗澡的水温以36～40℃最好，夏秋两季温度可略低。如果洗澡的喷头有水雾档更好，可以最大可能降低猫咪的不适感。

6.帮猫咪洗澡，一定要从幼猫时期就开始让它们熟悉水。面对猫咪的挣扎，主人要保持温和而坚决的态度。

技术要点二：洗澡从盆浴开始

初次洗澡的猫咪，可以先进行盆浴。这样做的目的是最大限度降低洗澡对猫咪造成的恐慌，因为它们会很害怕突如其来的水淋到自己身上。

1. 准备合适水温的水，将猫咪放进去，水不要过少。

2. 开始时，如果猫咪不愿意进盆子，可以先尝试把它的后肢放进水盆，再一点点将水撩在猫咪身上。

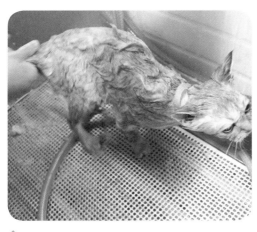

3. 等猫咪适应之后，用浴液在猫咪身上搓出泡沫，最后用喷头进行冲洗。

4. 选择吸水性好的浴巾包裹湿淋淋的猫咪，迅速将它的身子擦至半干，用吹风机吹干。

技术要点三：头部这样洗

不要一开始就用水冲猫咪的头部，要从身体开始。给猫咪冲洗头部时，用一只手先挡住猫咪的脸，然后再慢慢冲洗头部。如果需要洗脸，只需要用顺着头部流下的水轻轻擦拭猫咪面部就好，以免引起猫咪恐慌。

技术要点四：学会控制猫咪

如果猫咪只是挣扎，但平时不太会攻击主人，可以把猫咪前肢交叉后轻轻抓住，它就会非常老实了。但如果猫咪特别凶，很喜欢咬人，更适合使用伊丽莎白圈。这种做法也很适合用于给陌生猫咪洗澡。同时，控制猫咪时，记得不要将猫咪勒得过紧，适度就好。

技术要点五：
不要用过香的沐浴液

专用沐浴液

　　有些主人非常喜欢按照自己的喜好给猫咪选择香喷喷的沐浴液，这是非常错误的行为。对于猫咪来说，害怕洗澡的一大重要原因是不希望自己身上的味道没有了。味道是它传达信息的重要组成部分。因此主人们会发现猫咪一洗完澡就会安静地舔毛，这是因为它想早点回到原来的味道。因此，不要选择带有过分浓烈香味的沐浴液，而应选择天然的，不含不良成分的沐浴液。

技术要点六：
特殊污垢这样处理

　　跟人类的小朋友一样，猫咪也会不小心沾上油漆、汽油、颜料等物质。遇到这种情况，可以先把猫咪被污染的被毛剪掉些，然后再根据不同的情况进行清洗。

温馨提示

　　给猫咪洗澡之后一定要吹干，不然猫咪会生病。洗澡时，在盆（槽）底垫一条毛巾，防止猫咪滑倒后呛水。

不下水也是可以
洗澡的

　　不得不承认，有些猫咪是肯定不会下水的，不管主人用什么办法。另外，有些处于特殊时期的猫咪，是不适合下水洗澡的，比如年幼的猫咪，它们免疫力低下，体温控制也不行，一般来说，它们的清洁工作交给猫妈妈就好了。年纪太大的猫咪，尤其是患病的老猫，也不适合下水洗澡，它们会出现异常强烈的应激反应，同时也不能完成洗澡后的自我整理过程。生病和手术后的猫咪更不用说了，自然是要尽量避免洗澡的。但这些猫咪也有需要清洁的时候，主人们该怎么办呢？

技术要点一：
局部清洁适用免洗产品

　　将免洗产品喷在手上搓出泡沫，均匀涂抹在猫咪需要清洁的部位并揉搓，之后用毛巾擦拭，然后用吹风机吹干。干洗粉这类的产品，更适合祛除猫咪身体表面干燥的污垢和臭味。使用时要避开猫咪的头部，特别是鼻子和眼睛。要注意的是，这种方法不太适合长毛以及有过敏问题的猫咪。

免洗泡沫

技术要点二：
小污点随时擦除

　　主人随身携带婴儿或者宠物专用湿巾，遇到猫咪身上有小的脏污，可及时擦除，也避免了频繁洗澡。如果湿巾把猫咪被毛弄得比较湿的话，依然要用吹风机吹干。

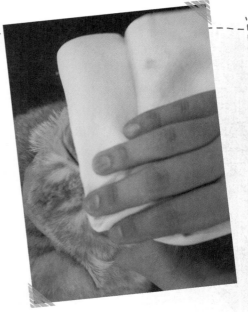

技术要点三：
全身湿擦

　　这个方法除了适合不宜洗澡或不愿洗澡的猫咪之外，还能用于清洁猫咪脸部。
　　将一块毛巾用热水浸湿后拧干，顺着被毛擦一遍，再逆向擦一遍，最后用吹风机吹干。

技术要点四：
梳理也是一种清洁方法

　　用细毛鬃刷给猫咪梳理被毛也可以达到清洁去尘的作用。如果将刷子蘸点水后再进行梳理，效果会更好。此举能清理掉隐藏在猫咪被毛中的皮屑。长毛猫要注意先用排梳梳通被毛，再做进一步清洁梳理。

技术要点五：
细节部位重点关注

有些部位是猫咪没有办法自行清洁的，这些地方主人需要特别留心。

‖ 眼睛周围 ‖

（1）眼周的眼屎主人可以用棉签轻轻擦掉，如果眼屎过于顽固，可以先用毛巾热敷，再行祛除。

（2）泪沟痕迹需要使用泪痕液。由内眼睑向外擦拭。若猫咪眼角异常发红，请咨询宠物医师。注意区别眼沟痕迹与眼睑皮肤的斑点，千万别用手抠。

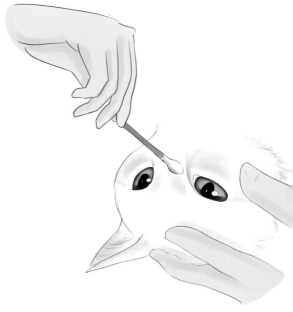

‖ 鼻腔内部 ‖

（1）一般来说，只要是健康猫，它们会一直保持鼻腔的湿润与清洁；

（2）如果发现猫咪鼻孔内有些许分泌物，可以使用化妆棉或餐巾纸蘸取少量温水后轻轻擦拭。

‖ 下巴的黑渣 ‖

猫咪下巴的黑渣大约等于人类长粉刺，主人清洁时候下手要轻一些。

（1）如果下巴有红肿、破损、流脓的情况需要先消炎。

（2）用柔软的小刷子蘸水，轻轻刷洗猫咪下巴，然后擦拭干净。

‖ 耳内 ‖

猫咪是无法用自己的小爪清洁耳朵内部的脏污的。

（1）细心观察猫咪耳内情况，如果是耳垢，可以用猫咪洗耳水清洗，然后将耳道擦干。

（2）如果发现猫咪耳朵过于干燥，可以用少量专用乳液涂抹，然后轻轻按摩外耳。

（3）发现猫咪患有耳部疾病则需要送医。

给猫咪洗澡后，别忘记对家里也进行清洁。但千万别用消毒水，而要使用天然的清洁剂，比如用艾草煮水擦地，这个味道是猫咪非常喜欢的。

隐秘部位整洁
是明星猫必须做到的

即便是有相当一部分猫咪能把自己收拾得很干净，也会有一个特殊部位对它们来说清洁起来很麻烦，那就是肛门附近，这里一不小心就会挂着屎蛋。这对于一只立志成为人气明星的猫咪来说是绝对不能出现的问题。屎蛋这个东西，有时候是猫咪没有完全排出而黏在了肛门周围被毛上的便便残余，有的时候是混有毛团的便便混合物。猫咪自己可能没有感觉，但对于主人来说，可不想它们带着这些屎蛋在沙发、床上乱跑。

技术要点一：检查也是有技巧的

检查时，主人切忌突然掀开猫咪尾巴查看。应先轻声安抚猫咪，然后再轻柔地抚摸它们的头颈一直到尾部。掀开猫咪尾巴时动作要迅速但轻柔，另一只手扒开屁股周围的被毛以检查肛周的清洁情况。

技术要点二：剪短被毛

对于那些非常抵触主人揪下它们屎蛋的猫咪，唯有抚摸时快准稳狠地进行，趁它们还没有反应过来就把问题解决了。另外一个办法是把猫咪肛门周围的被毛剪短一点，这样，即便是肛门处挂有屎蛋，随着猫咪的跑跳，屎蛋也会掉落下来。

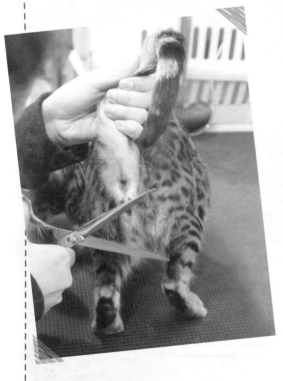

技术要点三：重点关注长毛猫的肛周清洁

日常生活中，如果猫咪肛门不是很脏，只需要取下屎球，用宠物湿巾轻轻地反复擦拭弄脏的部位即可。如果是湿巾无法清除的脏污，则需要用上免洗泡沫重点清洁被毛。清洁时避免接触到肛门周围的的皮肤，以免刺激猫咪。愿意洗澡的猫咪，可以清洗局部，顺带清洁一下后肢，注意及时吹干。

温馨提示

多留意有不正常分泌物的以及爱在地上蹭屁股的猫咪，它们可能是患上了肛周炎症，严重的话可能发展成肛瘘。这些信号主人通常容易忽视。

不胖不瘦是好猫猫

相对于处理猫咪过瘦的问题，给胖猫减肥要难得多。管住嘴，迈开腿，对猫咪并不适用。家猫之所以会胖，大多是由于空间有限且无法像狗狗一样多运动造成的，一旦让猫咪开始运动，它们又会吃很多，而猫咪饮食过少则会导致脂肪肝。所以，给猫咪减肥是一件比较困难的事情。随着年龄的增长，尽管猫咪的体重没有增加，但看起来更胖了，那是因为它们的皮肤松弛了。也有主人为了让猫咪减肥给它们改喂低脂猫粮，殊不知脂肪根本不是造成猫咪肥胖的最大原因，猫咪天生是需要脂肪的。在计算热量的前提下，控制碳水化合物的摄入才是最关键的。

技术要点一：
定期监控体重最重要

每周至少给猫咪称重一次。发现猫咪体重增加幅度超过250克，就要开始关注猫咪的体重。不能掉以轻心，放任猫咪胖下去。

技术要点二：干湿有度

湿粮的热量要比干粮少很多，猫咪保持体重应该多以猫罐头和健康的自制湿粮为主，但需要注意适量以及罐头的营养是否均衡。有些全营养性的罐头本身热量就很高。需要选择低脂型的。实在过胖的猫咪需要选择减肥处方粮。

技术要点三：
老年猫咪多吃高蛋白低脂肪的肉类

摄入高蛋白低脂肪的肉类，比如鸡胸或鱼肉，可减缓老年猫咪肌肉流失，让它们身体更结实。吃肉之后，还应该多陪猫咪玩，以增加运动量，这样可以达到像人类健身一样增肌减脂的效果，猫咪的精力也会更旺盛。

技术要点四：适当吃点草

其实，猫咪并不需要吃蔬菜。在它们的饮食里略加一点猫草或番茄，即可促进肠胃蠕动，增加饱腹感，减少热量摄入。

温馨提示

维持猫咪体重适中最重要的是摄入有度。如果没有科学地控制摄入总量，即便是吃减肥处方，如能量超过每日所需，猫咪也会长胖。因此，减少碳水化合物的供给，增加有益脂肪酸的摄入，才是最为合理的饮食方案。

是个猫就会掉毛，
明星也不例外

其实，除非是无毛猫，所有的猫咪都会掉毛，这是出于生存需要。天冷时，猫咪生出厚厚的被毛御寒；天热时，脱掉一些被毛以对抗酷暑。这一点在四季分明或者野外散养的猫咪身上表现得非常明显。不过对于生活在四季炎热地区的猫咪来说，它们一年四季都是会掉毛的。

技术要点一：
了解猫咪脱毛的原因

影响猫咪皮肤被毛健康的主要因素有：营养不均衡、身体免疫力差、皮脂分泌不健康正常、清洁梳理不到位。

毛短也会掉啊~

技术要点二：
短毛猫有时更令人烦恼

有些猫咪的被毛尽管短，但是毛量却异常丰厚，比如英国短毛猫、美国短毛猫等。它们中甚至有的猫咪有三层被毛。相对于长毛猫的一撮撮掉毛，短毛猫掉起毛来则是成片脱落，并且由于被毛短，清理起来也十分麻烦，所以这种短毛猫咪掉起毛来比长毛猫更令人烦恼。

技术要点三：
剃毛并不能解决根本问题

即使给猫咪剃毛，通常也会留下3~5毫米长度的毛茬。这些被毛同样会脱落，并且此时脱落的被毛更加细碎，更容易深入织物纤维中。同时，这种短毛也很容易被吸入人类鼻腔，造成人类过敏。同时，剃毛还会给猫咪心灵造成伤害，可谓得不偿失。

技术要点四：
洗澡可以除掉一部分被毛

尽管不能频繁洗澡，但每1~2个月洗一次澡可以让猫咪身上很多本身已经临近脱落的被毛掉下来。护毛素可以缓解掉毛基本上没有科学依据，它的作用跟我们人类的护发素差不多，只能起到让被毛顺滑、蓬松的作用。

技术要点五：
食物决定被毛健康程度

营养均衡可以保证猫咪被毛健康，如果给猫咪额外补充一些能够美毛的微量元素，可以起到比较好的效果。

技术要点六：
未脱落前就梳掉最保险

1.使用橡胶按摩手套或是软皮擦拭被毛，再使用梳子进行梳理，可以更容易地去除脱毛。

2.对于比较敏感的猫咪，不要一开始就从脸或者头部梳起，可以先从猫咪背部开始梳理。

3.给猫咪梳理胸毛的时候，要逆向从胸部梳到下颚。

4.梳理脸颊时，从后朝前仔细梳。下颚的毛要朝鼻子梳。

没掉之前赶紧梳掉~

这样梳尾巴才会光亮~

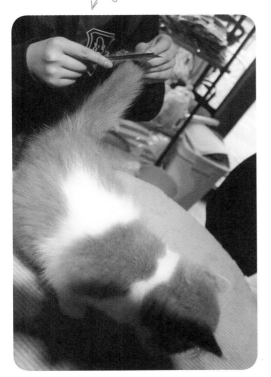

5.由于猫咪平时自己无法清理到耳部与脖子后方的被毛，因此这些地方比较容易藏污纳垢。这些地方需要用梳子仔细疏通，尤其是有毛结的时候，要及时将其剪掉。

6.猫咪腿部的毛则要从上往下绕腿进行梳理。

7.梳理猫咪尾巴的手法是先顺毛然后逆毛梳，这样尾巴将变得既光亮又蓬松。

梳的过程中，主人的动作一定要快且轻，切不可划破猫咪皮肤。另外，最好选择在室外对猫咪进行梳毛，以免寄生虫掉落在屋内。

技术要点七：
工欲善其事，必先利其器

猫咪梳毛可比我们人类复杂得多。这点，从工具上就能看出来。

去毛梳的作用是帮助猫咪除去大量的死毛、浮毛以及不易削除的深层绒毛，并且不伤及猫咪表层的健康被毛，尤其适合小奶猫。

针梳的作用是帮助猫咪除去浮毛，有的针梳还具有一定按摩能力。

细齿开结梳带有非常细密的梳齿，细小的皮屑、异物及灰尘都属于它的处理范围，同时它还拥有梳出跳蚤的作用。

排梳能帮助猫咪梳通全身不同部位的被毛。

短毛猫只需要每周梳理一次即可，使用可以按摩的手套进行擦拭再按需使用梳子按顺序进行梳理，从颈部向下，一直梳到尾巴尖。梳理时，梳子要跟皮肤成直角。腹部和尾部易打结处要特别留心。最后使用鬃毛刷可以把毛刷得柔顺有光泽。

而长毛猫需要更注重日常护理，每天花几分钟梳毛，可以避免打结。每一步都需要不同的梳子配合。除了梳通被毛之外，更重要的是将被毛梳蓬，梳亮。如果打结的情况比较严重，请多加些小心，不要拉扯。另外，一些用全铜材质制作的梳子，具有吸附静电能力，能保证梳完之后被毛不贴在身体上，而是变得蓬松柔顺。

祛毛梳

针梳

开结梳

排梳

温馨提示

如果实在无法忍受猫咪掉毛，又格外喜欢养猫。那么可以考虑饲养以下几种猫：加拿大无毛猫（斯芬克斯猫），它们只有某些地方有些可以忽略不计的细碎绒毛；柯尼斯卷毛猫和德文卷毛猫也是好选择，它们被毛很短、很服帖，偶尔用刷子刷一下就好，也不爱掉毛。

有些装饰
明星也不要

　　有时候主人会根据自己的喜好给猫咪做一些打扮，而猫咪也许会接受，也许并不会。脾气好的猫咪或是幼猫也许会任主人摆布，只要装饰物没有影响它们的活动，它们就安之若素。可是有的猫咪就没那么乖巧了，也许会不停跟主人对着干。其实，装饰物很容易让猫咪产生反感，无论是蝴蝶结还是漂亮的衣服，都可能让它们觉得不自在。有哪些饰品应该尽可能地避免给猫咪使用呢？

我不舒服~

技术要点一：
别给我穿鞋子

　　大部分主人让猫咪穿上鞋子，其实只是为了一时好玩，或者是为了避免让猫咪爪子粘上脏东西而弄脏房间，需要自己为其进行清理。但主人们也会发现，猫咪穿上鞋子后，就不会走路了。前面说过，猫咪会因为胶带粘住身体，就失去了行动的能力，穿上鞋子不会动了也是因为这个原因。而猫咪的肉垫是保持平衡的感觉器官之一，当肉垫被包裹时，猫咪的平衡系统就会受到影响。

技术要点二：
拿掉吵死人的铃铛

对于听力比人类发达很多的猫咪来说，这种随着自己行动而叮当作响的铃铛是种长期而持续的巨大噪音。轻则让它们感到烦躁不安，重则会损伤听力。换位思考，人也不喜欢睡觉时一个翻身就会出现如打雷一般的声音吧。

技术要点三：
当心我吃掉领结

装饰物最大的风险是可能会被猫吃下去。如果自家的猫咪有啃咬的习惯，甚至不啃掉不罢休，千万不要给它们戴任何饰物。吃下这些饰物可能会造成猫咪消化不良、消化道阻塞，严重的情况下会危及生命。尤其是带有小珠子的饰品对猫咪来说是更大的危险。

温馨提示

主人给猫咪打扮的心情可以理解，但是要顾虑猫咪的健康。比如有些主人会在加拿大无毛猫身上文身，这其实对猫咪是种无意义的伤害和折磨。感到酷炫的是主人，并不是猫咪。你不知道猫咪怎么想，最好还是让它保有天然的状态。

明星猫的**特殊服务**

作为明星猫，如果没有点特殊服务怎么能展现其明星待遇呢？尤其是某些品种的猫咪，因为自身的一些原因，保养需求远大于其他品种。

美容花费排名第一的当属波斯猫。波斯猫可谓人见人爱。它拥有细软而蓬松的长被毛。这种毛发必须要每天都精心梳理。先用排梳，再用针梳，同时喷洒各种防静电润毛素，这样才能保持华丽丽、美美的状态。而它们由于鼻腔短，容易流眼泪，还时常需要滴一下眼药，做护理，去泪痕。

同样有这个需求的还有英国短毛猫。它们同样要注意清理泪痕以及注意呼吸道问题。

无毛猫——斯芬克斯猫也并不因为它们没有毛，就可以轻松养育。相反，因为它们没有被毛的保护，更需要人类的呵护。它们的身体容易油油的，容易脏，更容易感染细菌发炎。所以，一定要定期擦拭皮肤和按摩。另外，它们还有防晒和防冻的需求，耳朵也很容易脏。

柯尼斯卷毛猫、德文卷毛猫由于大耳朵小尖脸，使得耳朵里很容易藏污纳垢，滋生细菌，需要主人经常帮助其擦拭耳朵保持干净。相反，苏格兰折耳猫和美国卷耳猫，因为耳朵的造型独特，倒不需要特别的耳道护理。

那些时常陷入狂躁和紧张的猫咪，特别适合一项特殊服务——艾灸。

艾灸可以安抚猫咪的情绪。猫咪会在艾灸的作用下很快镇静下来。同时，在猫咪伤口周围运用艾条熏灸，可以帮助伤口恢复，甚至当猫咪状态很差的时候，艾灸还能起到调整猫咪状态的辅助作用。

技术要点一：准备工作做好

准备一张猫咪穴位图，这样能保证施灸的位置即使不那么准确，至少在穴位附近，不会偏离太多。

主要工具：艾条。

还需要准备一条小毯子让猫咪可以舒服地躺在上面。

技术要点二：让猫咪松弛下来

选择一个安静的地点，把猫咪放到毯子上。靠主人的抚摸让猫咪稳定下来后，点燃艾条。慢慢让猫咪放松，当发现猫咪开始舒服得想睡觉的时候，说明可以进行下一步了。

技术要点三：找准穴位

对着猫咪穴位图找准需要艾灸的穴位，让点燃的艾条逐渐靠近猫咪的身体。注意不要烫伤猫咪。

技术要点四：及时停止

如果猫咪出现强烈抗拒，请一定要停止。或者先让猫咪适应一下艾草的气味再进行艾灸。

Part 8

玩出
新花样

美汪汪的
大眼睛~

给我好吃的~

这是啥?

不能没有猫爬架~

最爱逗猫棒~

咋还不陪
我玩呢!

猫咪爱的**玩具**这样选

猫咪向往自由，是天生的猎手。但多数宠物猫被主人长期圈养在家中，使得它们只能靠睡觉打发时光。为了让猫咪独自在家中的日子好过一些，贴心的主人会给猫咪准备很多玩具。这些玩具对于猫咪还是有着很大的吸引力的，可以在帮助猫咪打发时间的同时让它们能消耗日益堆积的脂肪。但是，有的玩具猫咪爱得不行，有的它又看都不看一眼。这到底是什么原因？怎样为明星猫咪选择合适的玩具呢？

技术要点一：猫咪最爱特点归纳

会动、有皮毛或羽毛、带有某些味道（猫薄荷、首蓿）。

一般来说，这三个特点中，只要主人给它的玩具具备某一点，猫咪就会非常喜欢，如果同时具备两点，就属于超级可心的玩具。当然，也会有例外，这三个特点对于某些猫咪来说都不感兴趣。这只是基于大部分猫咪得出的结论。

硬要给玩具排名的话，猫咪最爱的应该是集合了以上三个特点的玩具。

紧随其后的应该是有毛会动的玩具，比如现实生活中的老鼠和小鸟。

第三名要给有薄荷味且会动的玩具。不管怎么说，会动猫咪就喜欢，就想去追逐，这大概是它狩猎的本能驱使的吧。

排在最后的可能是有薄荷味道的毛玩具。尽管有的猫咪可能对薄荷或者苜蓿不感兴趣，但有毛还是喜欢玩的。

贴心的主人在选择玩具时，只要遵循这些原则，就不会再买到猫咪不爱的玩具了。

技术要点二：玩具需要时常更换

猫咪是一种"喜新厌旧"的动物，因此绝对不能只买一件玩具给它，这会令它很快感到厌倦。所以贴心的主人们应该尽可能地多给猫咪买各种不同的玩具，或对玩具进行改造，保持猫咪对玩具持续的新鲜感。

求抱抱~

一起来玩~

温馨提示

一定不要把手指或者脚伸出来逗弄猫咪，让它把你当成玩具，这会助长猫咪的攻击性行为。最好的办法是买回安全有趣的猫咪玩具给它们玩。

明星猫最爱之
"逗猫棒"

之前提到会动又有毛的玩具是猫咪的心头好，那么逗猫棒就完美满足了这两点要求。和猫咪一起玩，可以拉近主人和猫咪的关系，也能让懒洋洋的猫咪动起来。不过逗猫棒可不是随意挥弄两下这么简单的，针对不同的猫咪，逗猫棒可是有不同用法呢。

技术要点一：小奶猫不需要技巧

对于1岁以下的小猫是不需要技巧的。随意晃动逗猫棒即可，甚至直接把逗猫棒放在地上，小奶猫就可以自己玩得不亦乐乎了。

猫咪最爱~~

技术要点二：一切尽在掌握

对于成年后已经对逗猫棒有些许厌倦的猫咪，不要让它们掌握节奏是保持互动兴趣的要诀。忽快忽慢、忽隐忽现的逗猫棒能重新燃起它们对逗猫棒的热情。有时候，可别被它们突然的放弃迷惑了，那是在准备随时一扑！

技术要点三：偶尔戳戳懒肥猫

懒得动的肥猫咪可不会轻易被普通的逗猫棒吸引。可以选择一些更吸引它们眼球的逗猫棒造型，再激起它们的斗志！不过，与年轻猫咪不同的是，一定要让老猫跟肥猫抓到"猎物"，否则猫咪会因为挫败感而失去兴趣。

猫抓板对于猫咪和主人来说
都很重要

为了防止爪尖越长越长，猫咪会不断在各种能接触到的物体上磨爪子。另外，抓挠也是猫咪狩猎技能之一，它们需要时常操练，家里沙发和墙纸就遭了殃。主人们为了让猫咪可以少破坏家具，便会给自家猫咪千挑万选准备好猫抓板。但事实往往是，猫咪们对此并不买账，甚至专门绕过抓板，然后依然我行我素地在沙发和墙上挠来挠去。其实，主人是可以训练猫咪使用猫抓板磨爪子的，只不过需要学习一些训练小技巧。

技术要点一：猫抓板怎么选

1.跟材质的关系不大。剑麻绳、剑麻布、瓦楞纸这几种材质对于接受猫抓板的猫咪来说，喜爱程度是相同的。对不爱猫抓板的猫咪来说，也同样是看也不看。

2.与大小形状有一点关系。对比平面型、曲面型、窝垫型、立体猫抓柱这几种造型的猫抓板可以发现，越是立体的造型，受猫咪欢迎程度越高。猫抓板的大小最好是宽15~20厘米，长度30~40厘米。

技术要点二：固定在某些地方它更爱

安静的窗口、封闭式没有太多杂物及对猫咪有害植物的阳台、有熟悉的主人气味的卧室，采光好的客厅、猫厕所的附近都是相对适合的地方。总体原则是，把猫抓板安放在安静又不会被打扰的地方。同时一定要把猫抓板固定在墙上，垂直离地面大约30厘米，要随着猫咪的体形大小进行调整，让猫咪可以轻松地站着随便抓。

技术要点三：给猫抓板加点花样

1.在猫抓板上撒点猫薄荷能让猫咪瞬间爱上猫抓板。

2.在猫抓板的顶端放上毛茸茸的玩具，用绳子垂吊着。晃动的玩具可以吸引猫咪玩耍，并爱上猫抓板。

3.给猫抓板装点毛围边吧，这样猫咪就更想抓了。

温馨提示

猫爪板放置的场所要精心安排，别放在高处，也要避免放在人来人往、打扰他人的地方。

明星猫都有
猫爬架

　　猫咪喜欢在高的地方巡视自己的领地，并因此感到安心。而生活中能让猫咪安稳待着的高处少之又少，于是猫爬架应运而生。但猫爬架占地面积较大，因此，不是所有的主人都会为自家的猫咪准备这个东西。所以说，猫爬架是明星猫才有的玩具啊。

技术要点一：
猫咪对猫爬架是有要求的

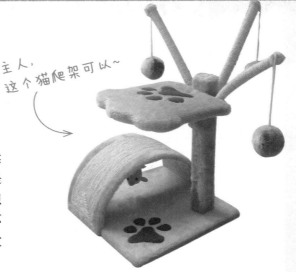

主人，这个猫爬架可以~

　　挑剔的猫咪对猫爬架的材料、气味、设计结构都有要求。没有什么异味的天然棉麻的材质或绒布是最好的选择。稳定是猫咪对爬架的另外一个要求，它们可不想在上面活动的时候左摇右晃各种不安。不用买层层叠叠的猫爬架，因为猫咪只喜欢待在最高处。

技术要点二：
其实主人也可以自制猫爬架

　　如果主人有点动手能力，又对自家猫咪的喜好有一定了解，自己制作的猫爬架可能更受猫咪欢迎。利用现有的木头或树干、麻绳，提前设计好稳定性高的猫爬架，自己动手做一个，既环保又省钱，猫咪对主人的爱又增加一分。另外，还可以在家里的承重墙上，从下到上错落钉上边角圆滑、足够容纳猫咪活动和休息的木板，这样既不占位置，跟家里整体风格又很协调，还给猫咪提供了一个合适的大玩具。

技术要点三：
猫咪的事情自己管

温馨提示

　　不要急于把猫咪暂时不玩的猫爬架送人，也许它只是不喜欢上面的味道。散一散味道，或者放上它喜欢的猫薄荷试试，再或者用毛玩具引诱它上去，也许过不了多久，它又有兴趣去玩了。如果家里有多只猫因为争夺猫爬架最高的位置发生了争斗，主人尽量不要参与，除非打得很厉害，一般情况下，它们是不会特别执着于打架的。

　　老年猫、骨骼不好的猫咪以及残疾猫是不太适合使用猫爬架的，也最好不要让它们在高的地方待太久。对于这类猫咪，主人就不用准备猫爬架了。

玩耍中 练功

　　一般人心中，猫咪是灵活多变的，它们会抓老鼠、能飞檐走壁，活泼可爱。可自家的这只猫咪毫无野性，还特别娇贵，整天一副懒洋洋的样子，缺少锻炼。尽管主人们不需要猫咪捉老鼠了，但还是希望猫咪能多多运动，保持身体健康，避免一些疾病的产生。

技术要点一：边吃边跑边追逐

　　主人可以在猫咪不注意的时候在房间某个角落放上零食。让猫咪主动去寻找。在它寻找食物的时候，主人可以在另外的角落再次放上一些。轻轻喊它的名字，当它跑过来时，发现又有好吃的会觉得很高兴。此时，主人一定要好好表扬它。这个游戏可以让猫咪不停在房间里寻找美食，增加活动量。不过，为了避免猫咪过度进食，零食不要放得过多。这个游戏很好玩，可以让主人和猫咪同时收获乐趣。如果每天重复这样的过程，猫咪会觉得主人对它真的很好。

技术要点二：跳跃吧！猫咪

　　逗猫棒、激光笔是模仿捕猎游戏的代表玩具，另外一个游戏就是把家里的灯关掉，用手电筒将光束照射在墙上、地上，让猫咪去追逐。

老鼠在哪儿~

技术要点三：快来捉老鼠

当然，主人不会真的让猫咪去捉老鼠，但猫咪对老鼠的热情是天生的。主人可以选择一个玩具老鼠，把它绑在拖鞋上，故意让猫咪看见它。当主人快走两步之后就会发现猫咪开始了追逐游戏。游戏的难度可以逐步增加，开始走直线，慢慢出现拐弯，抬高，让它跳跃。一旦它可以逮住老鼠，就要立即奖励。这是一个主人跟猫咪都可以得到锻炼的游戏。

技术要点四：跑步机

如果猫咪愿意在它专用的跑步机上面跑步，那么对它的健康还是很有利的。不过就像人在跑步机上运动会出现的问题一样，猫咪跑久了也是会厌倦的。让猫咪在人用的跑步机上跑步也可以，就是速度必须调得很慢。

别跑啊，老鼠~

温馨提示

尽量不要用手去逗它，不要在春季训练，这时的它们性情狂躁，易伤人。对于喜欢奔跑的"小疯子"猫咪来说，主人要注意处理家具锐利的边角。别让它们在很高的柜子上奔跑，容易受伤。

生活情趣之
游泳篇

　　游泳是宠物猫咪最棒的户外运动之一。对于体重过大的猫咪来说，在医生的指导下进行水下运动，不仅有助于减肥，还对身体健康很有益处。

　　带上猫咪去游泳，既可增添自己的生活情趣，享受与猫咪在一起的美妙时光，又可带猫咪进行户外锻炼，增强它的体质与胆量。这是一件十分愉快的事。主人们可以尝试用玩具训练猫咪学会游泳。不过，由于猫咪的祖先主要生活在沙漠地区，很少接触水，而猫咪毛发在接触水之后又非常难干，所以猫咪天生怕水，因此训练猫咪游泳，一定要从习惯接触水开始。

技术要点一：
从小训练不怕水

　　猫咪从小就开始接触水，可以最大程度避免它对水的抗拒。刚开始的时候不要把小猫直接放到水里。只需要将一个装有小鱼的小水盆放在猫咪跟前，吸引它玩耍即可。不要选择大鱼，灵活的小鱼最合适。慢慢猫咪就会爱上玩水。而习惯洗澡也会让猫咪消除对水的恐惧。

技术要点二：
猫咪也用游泳圈

给猫咪套上游泳圈，慢慢放入水中，主人密切注意猫咪状况，当它能够戴上游泳圈平静地待在水中时，就可以拿上它喜欢的玩具，引诱它一步步向前游。

技术要点三：
让猫咪主动追逐玩具

如果猫咪玩耍的兴致很高，主人可以趁机将玩具向远处抛出，鼓励猫咪去叼衔。来回多次，猫咪就能自由地在水中游来游去了。

技术要点四：
快来救救主人

如果猫咪过于胆小，不愿意往前游，主人可以自己往远处移动，同时召唤猫咪。此时猫咪会因为不愿意离开主人，又别无他法，只能朝着主人游去。

温馨提示

第一次游泳的猫咪有可能会被呛到，一定要时刻注意猫咪的动向，尽量避免出现猫咪呛水这种情况，否则下次猫咪可就不想跟你出来游泳了。

Part 9

明星怎么能
只在室内
玩耍

我要出去玩~

一起去旅行~

外面的世界很精彩!

让我去走走~

谁说猫子不能**出去散步**

带猫咪出门散步这件事换个专业术语应该叫作"遛猫"。对于猫咪外出这事，主人们持有两种态度：一种认为可以外出，任由已经绝育的猫咪出门玩耍，并且习惯了它们到点回家。这类猫咪需要主人更多注意的只是有没有外出打架，有没有走丢以及有没有感染寄生虫。而另外一种认为不要外出。持有这种态度的主人们认为，猫咪是不需要像狗狗一样经常拉出去玩的，因为猫咪没有狗狗那么服从指令。其实这个想法是片面的。猫咪也有好奇心，如果一直不能满足猫咪探索的天性，它可能会产生焦虑、强迫症、过度舔毛、幻觉及知觉过敏等问题。另外，多遛猫还能降低猫咪生殖道泌尿道症候群、猫咪间质性膀胱炎的罹患概率。所以，美好时节，如有可能，还是尽量抽空带着猫咪一起出去看看碧水蓝天吧！

技术要点一：
哪些猫不适合出门

适合出门散步的猫跟品种以及训练情况有关。暹罗猫这种是属于天生适合遛弯的品种，它们对人特别忠诚，知道按时回家。也有一些猫咪特别不适合出门，它们天生胆小，出门就紧张，即便是从小训练，也没有这样的可能性。所以主人们还是要根据自家猫咪的情况来决定猫咪是否可以带出门散步。

技术要点二：
遛猫也需要准备装备

猫咪能跳能蹿，即便是在小区里散步，也必须要控制好它，不让它乱跑。否则，猫咪很容易因为受到惊吓而跑丢，也有可能发生交通意外，所以应该给猫咪准备专用牵引绳，也可以选用最小号的狗用肩背式牵引绳。长短标准以猫咪佩戴时既不太紧又不会让猫钻出为宜，佩戴好后，以猫咪脖子部位可伸进一指为正好。给它戴上有名字的项圈，闪闪亮亮的更安全，如果能带上一只猫包就更好了，这样猫咪走累了，可以直接将它装进猫包带回家。

不想走了，抱抱我吧~

技术要点三：
年幼时期从室内训练开始

如果想要训练猫咪散步，最好在猫咪4~5个月大并打过疫苗做过驱虫以后进行，越早训练，猫咪适应得越快。

▍从戴上肩带开始 ▍

为了让猫咪熟悉牵引绳，主人先拖着牵引绳在猫咪眼前晃，吸引猫咪的注意力并让它追逐。直到它熟悉这个东西之后，给它戴上肩套。训练猫咪应选择猫咪心情好的时候进行，这样猫咪才会耐心配合。开始时，猫咪一套上肩套就会往地上躺，并想方设法从套带里脱身。可先解下肩带，给猫咪一些小零食，并安抚它的情绪。等猫咪情绪变好后可再次尝试为猫咪佩戴。刚开始佩戴的时间不能过长，以免猫咪对肩带产生抵触心理。

‖ 逐步适应被牵引绳牵引 ‖

当猫咪不再反抗肩套之后，主人可以试着把牵引绳挂在肩套上，带它在房间里走走"猫步"，每次时间保证在15分钟左右即可。然后，逐渐把散步的范围延伸到门口。一定要陪在它身边并抓紧牵引绳。如果猫咪害怕不敢往前走的话，可以轻声安抚，一定不要拉它，不要急于让它踏出第一步，要让它自己克服内心的恐惧。

技术要点四：
户外实践循序渐进

猫咪第一次外出要选择住处楼下安全处，人较少的地方，不要走得太远，最好和小区遛狗的时间错开。让猫咪习惯周围的声音和景物，时刻观察猫咪的反应。一旦发现它出现恐惧的表现，千万不要强迫猫咪，要及时安抚它的情绪，如果可以继续则继续尝试，练练胆量。如果实在不行，要把它装进猫包或者抱在怀里带回家。过度强迫猫咪只会让它觉得害怕，可能会在惊慌中误伤主人。猫咪的表现取决于它本身的个性，不是勉强就可以做到的。

温馨提示

遛猫这件事实施起来还是比较有难度的，弄不好就把猫咪遛丢了。如果没有做足准备，很可能会让猫咪对绳索和胸肩带产生反感。也容易让没出过门的猫咪受到惊吓。另外在遛弯期间还有可能会发生意外，这时候不要慌，要冷静下来想办法解决。

明星猫
的出行装备

无论是走亲访友还是带猫咪去医院，又或者去长途旅行，主人们都要为猫咪选择一套合适的出行装备，这样才能让猫咪在出行的过程中感觉舒服又愉快，也不会给主人造成沉重的负担。针对不同的场合，一定要选择对应的出行箱包。虽然人各有所爱，猫各有所喜，但有些标准是通用的。

这样的箱包猫咪主人都舒服

▌尽量选择背拉式箱包 ▌

可以背在背上或者像行李箱那样拖着走的外出包更适合需要徒步的情况。可以让主人减少手拎的重量，避免肌肉酸痛。

▌大空间给猫咪足够自由 ▌

如果是短时间将猫咪限制在狭小的手提包里，猫咪还可以忍受，主人也更好携带。但时间相对较长的情况下，还是选择空间更大，可以让猫咪在里面转身和自由活动的猫包更能让猫咪享受到外出的乐趣。

▌一路的风景和你分享 ▌

能让猫咪探出头来看风景的外出包，对猫咪来说是很完美的。

▌硬挺、定型性好的包更适合 ▌

猫咪长时间待在没有定型的猫包里边会觉得很难受。

各种箱包优劣谈

▌ 拎包 ▌

质地柔软重量轻的拎包适合幼猫以及体重较轻的猫咪。这类拎包更适合用于短途出行。如果是特别胖的猫咪一定不要选择这种。请选择质量好有封口的拎包。

▌ 基本款背包 ▌

空间适中，顶部和底部都有足够的硬板支撑的基本款背包适合各种年龄段的猫咪。同时也能应对短途以及长途旅行。但要注意猫包是否结实安全，不能让猫咪轻易就抓破了。

▌ 航空箱 ▌

作为航空运输的指定运输工具，航空箱抗压性和空间感都比一般猫包好，适合成年猫、肥胖猫的长途运输或者自驾，不适合提拎。千万不能贪便宜选择接口不结实稳固的航空箱。一旦出问题对猫咪来说将是灾难。

▌ 拖箱款 ▌

肉嘟嘟的胖猫咪使用这一款猫包可以节约主人很大气力呢。顶部有硬板支撑、底盘不太低的拖箱更值得选择。

▌ 婴儿推车款 ▌

婴儿推车款猫包可能从某种意义上来说是为了迎合把猫咪当孩子养的主人设计的。有些推车会限定放置10千克以下的猫咪，如果不介意引起围观可以选择它，适合中途旅行及小区内散步使用。

学会适当安抚箱包中猫咪

▌告诉它主人一直在▌

平时自由自在的猫咪，一旦被塞进猫包，不管里面怎么舒适，都会引起它们的不安。轻则不停嚷叫，严重的甚至出现撕破猫包"越狱"的情况。这时候跟猫咪说说话，让它感受到你的存在，或者把手伸到空隙中抚摸猫咪，哪怕隔着猫包抚摸都可以。但注意，千万不要在大街上就打开猫包，万一猫咪突然挣破小口逃出来，就难抓回来了。

▌减轻猫咪的焦虑▌

如果箱包里有猫咪自己的物品，比如平时使用习惯的垫子、喜欢的玩具，猫咪就会安心许多。如果猫包本来就是猫咪的小窝，当然是最好不过了。

紧急情况下的权宜之计
——自制猫包

①找到一个较厚的大纸箱子，留个猫咪进出的口，其他地方用透明胶封好。

②在纸箱各处捅若干通风口。

③底部铺上隔水尿垫和垫布。

④把猫咪放进去后，把箱子封好并做一个简易的提手。

扎好透气孔的塑料整理箱也可以当猫包，但是千万别用软提包制作简易猫包，这样猫咪安全性得不到保证。当然最好是在猫咪进门的第一天就准备好出行的猫包。

▌试试激素喷剂▌

有些猫咪专用的激素气味剂可以让猫咪感到舒服或安心，出行的时候使用，可以减少猫咪的压力和恐慌感。有喷剂和挂脖两种。不过，这种气味并不是对所有的猫咪管用。

请这样带猫主子
长途出行

如果说在家门口附近拍拍沙龙照是小明星猫咪的待遇的话，那么被主人带着去远途旅行就是大明星猫咪的高级礼遇了。不过，猫咪的长途旅行中充斥着各种不确定因素，旅行之前、途中有很多主人需要注意的事项呢。

出个门好难啊~

主人要做好详尽的旅行计划

主人需要制定一个详尽的旅行计划，包括目的地是否适合带猫咪，如何抵达以及行程活动如何安排。这个过程会非常耗时，涉及大量的文件以及相关的审批要求。同时需要提前安排猫咪体检，看是否适合旅行。某些阶段的猫咪，比如怀孕猫咪或在飞机起飞前48小时之内刚刚分娩过的宠物有些航空公司规定是不能乘机的。这些工作需要提前做好，不然会让猫咪无法出行，也让主人没有时间对无法一起出行的猫咪做进一步安排。

火车和飞机需要提前订票

不论是火车还是飞机，都需要提前确认是否可以托运猫咪。最好打电话咨询好再决定。订好机票后根据承运方要求进行准备。火车托运需要在开车前至少2个小时携带主人的车票和身份证到达火车托运处办理托运手续。另外可以申请办理押运证，以便主人去货车厢照看猫咪。

‖ 开免疫证明 ‖

带猫咪去畜牧兽医站认可的动物医院对猫咪进行免疫、体检以及消毒运输工具，并开具动物检疫证明。注意这个证明是有有效期限的，各航空公司对时效性的要求也不同。一般都要求有效期限在起飞前2~3天之内。因此，时间上需要主人自行把控。

出个门好难啊~

国内的农家乐或家庭旅馆更适合带猫咪

猫咪旅行的障碍之一是住宿。大部分高级酒店禁止宠物入内，同时配套设置也不完善。而客栈、农家乐和家庭旅馆对宠物住宿相对来说宽容些。从经验上来说，越接近自然的地方麻烦越少。到山野或原生态景区旅行时，很适合带猫咪去。一般青年旅社也都可以带猫咪入住，但保险起见，还是建议提前做足功课、咨询清楚。

科学打包带够合适的物品

‖ 自驾出行 ‖

准备合适的航空箱或猫包装猫咪。为猫咪准备便携式饮食器皿、猫砂，最好再带上猫咪用的牵引绳和一个喂水的小针管。很多猫咪在路途中由于惊恐不会吃饭和上厕所，这时可以用针管灌水喂猫咪喝下去，以免它脱水。

‖ 乘飞机出行 ‖

　　航空公司要求托运猫咪要准备合格的托运用物品，比如航空箱。一定要在好的宠物商店购买合格的航空箱。还要准备宠物尿垫或吸水毛巾垫在箱子底下。同时加固航空箱，以免出现猫咪跑出航空箱的意外。

‖ 坐火车出行 ‖

　　火车运输时间很长，所有猫咪路上可能要用的东西都要准备。猫咪笼子里和主人随身各携带一包食物。最好连猫砂也放进航空箱。冬天时尽量把笼子周围都包起来。

‖ 常用及应急药品 ‖

　　大多数猫咪要比其他动物更敏感，在密闭空间中很容易有应激反应。另外猫咪可能有一些诸如心脏病这类的隐藏疾病，在进行远距离运输的时候可能会发病。准备一点猫咪常用药以备不时之需。猫咪出现晕车的概率很小，但可能会在长途运输中变得焦躁和不安，可以去宠物医院购买些安全的猫咪用晕车药或镇静药物，并在医生指导下给猫咪使用。

旅行之前
对猫咪进行适应性训练

出行前让猫咪熟悉出行用的猫包和航空箱，训练它们在笼子里饮食和玩乐，将有助于让猫咪在旅行时更有安全感。如果是自驾旅行，在旅行前让猫咪熟悉所乘坐的车，也可以减轻猫咪的不安。

注意猫咪的各种需求

‖ 开车自驾 ‖

对猫咪来说，短途旅行相对长途旅行来说更容易。超过10小时的长途行程，沿途隔一段时间最好停一下车，至少每2~3小时能让猫咪出来活动一下，喝水或者排尿。为了防止猫咪逃跑，一定要给它戴上

出门还要训练啊~

牵引绳并关上车窗。4~5小时后让猫咪吃点东西。胃里有少量食物可让猫咪平静下来。如果猫咪情绪稳定，由主人抱着看看风景亦可。如果携带多只猫咪，一定要轮流出来活动。

‖ 乘坐飞机提前断食 ‖

为了防止猫咪因为晕机呕吐，飞行前6~12小时可以给猫咪断食。但一定要在航空箱内放入足够的饮用水。

‖ 火车 ‖

办理押运的主人可以尽可能地跟猫咪待在一起。让猫咪知道主人在身边。

旅途中有些事情不能做

▌开车自驾 ▌

不要与讨厌猫咪的人一同出行。开车的时候尽量避免紧急刹车。如果中途人需要下车吃饭或上厕所，不要单独把猫咪放在车里。记得把猫咪放回猫包，锁车前将车窗留道缝隙，炎热的夏天特别要注意这个问题。不可让猫咪不戴牵引绳自由活动。

▌火车上 ▌

在火车上安放猫咪时，主人要全程参与，不要把猫咪放在不安全的位置，否则可能被其他货品把笼子压扁。火车行驶中也要多去看看猫咪。

排排坐，拍照喽～

Part 10

粉丝们都在等我的靓照

你偷拍我？

新造型～

特写我最爱了～

在给我拍照吗？

拍照小知识

跟狗狗比起来，猫咪可能要更难拍摄一些。它们天生胆小，敏感。稍有风吹草动就可能躲起来。并且它们更为灵活，想要抓住它们最美的一瞬，恐怕除了拍摄水平之外，还需要那么一点小运气。当然，真的要抓拍到好的照片也不是完全没有技巧跟方法可循的。

拍摄猫咪的过程中，最重要的工作是与猫咪建立好感情。把猫咪放在一个彻底放松又值得信任的环境中，才有可能得到精彩的照片。当猫咪信任你时，无论你是用逗猫棒还是路边的小草逗弄它们，都会得到满意的照片。

技术要点一：
好的光线+正确的背景

在进行室内拍摄时，尽量让猫咪呆在光线好的地方，比如窗前。利用投射进来的光进行构图拍摄。大部分的猫咪被毛是花色的，杂乱的背景会让作为前景的猫咪看起来不突出。尽量选择绿色的树阴，纯色墙壁这种干净又颜色统一的背景，这样可以突出猫咪。当然，大光圈是必须要开启的。

技术要点二：使用对焦迅速
且对焦精度高的数码相机

除非执着于胶片且对自己的拍摄技术非常有自信，拍摄猫咪时，还是尽量使用对焦迅速且对焦精度高的数码相机吧。开启连拍，绝对不要放过任何一个细节。

技术要点三：
中焦或者长焦镜头更为适合

　　大多数主人偏爱拍摄猫咪的表情神态。这时候选择中焦以上或长焦镜头比广角镜头合适。拍摄猫咪其实没有太多技巧，猫咪胆小，长焦镜头可以在不打扰到猫咪的情况下从远处抓拍。

技术要点四：
让猫咪"讲"故事

　　猫咪这种动物是天生会"讲"故事的，只是看主人怎么把故事情节用照片展示出来了。这时候给故事设计各种场景显得尤为关键。但其实又不是太难，比如一条鱼，一个水杯，或者给猫咪粘上一撇滑稽的小胡子，可以让画面充满故事感。

技术要点五：
瞬间即永恒的抓拍大法

　　猫咪可不会等你说"321茄子"。主人所能做的是，尝试出其不意地跟猫咪说"你好"！此时猫咪会很吃惊地看着你，主人要做的就是此刻不停按下快门，抓取猫咪们最完美的瞬间。

温馨提示

　　对待猫咪要有耐心且尊重它们。户外的自然光线更能展现它们的美好。和人类一样，日出和日落时它们也会表现出很美的一面。不看镜头的它们才最为自然。随身携带一些猫咪零食，可以拉近你们之间的距离。偶尔发出一点小动静，可以抓到猫咪最萌的一瞬间。

抢拍奶猫的
拍摄大法

　　猫咪的成长速度非常惊人，也许上周还是在家跟跄打滚的小奶猫，今天就变成了随时准备出门撒欢的"猫青年"。如果没有抓住这短暂的时光，恐怕它的"猫生"中就留不下一张儿时的萌照了。同时，小奶猫总是毫无规律地运动，视觉和听觉也都没发育好，用逗猫棒吸引它们看向镜头的时候，必须放得很近晃动，否则它们根本看不见，这就造成了逗猫棒总是不合时宜地会出现在照片里。这要怎么办呢？

技术要点一：
不要吵、不要吵、千万不要吵

　　刚出生的猫咪是听不见的，五天左右才会听到声音。这时千万不要故意发出巨大的声音去吸引猫咪的注意。对于它来说，这简直是晴天霹雳，搞不好还会产生心理阴影，以后再想拍它就非常难了。

技术要点二：
不要开启闪光灯

　　跟拍摄婴儿时不能开启闪光灯的理由一样，奶猫此时视觉系统还没发育完全，拍摄中，闪光灯是会对奶猫的眼睛造成伤害的。一旦产生不可逆转的后果，就得不偿失了。

技术要点三：
主人自己亲自抓拍最合适

在给我拍照吗？

　　没有完成疫苗注射的奶猫是不宜接触过多陌生人或者其他宠物的。所以主人亲自上阵对它来说最安全。不要过多采用摆拍的形式，这样会打扰奶猫的正常生活。其实，这些小家伙在这个阶段，任何一个姿势都值得拍上一拍，不用刻意摆拍。

技术要点四：
不要离开猫妈妈的视线

　　不能开闪光灯就需要找一个光线充足的地方以得到足够的光线，这样才能拍出清晰的照片。千万不要让奶猫离开猫妈妈的视线，这对奶猫跟猫妈妈来说都是一种煎熬。同时，还需要保证拍摄位置的安全。

技术要点五：
睡着的它们最好拍

　　小奶猫的睡眠时间很长。主人可以仔细观察它们的睡姿，比你想象的要有趣得多。随意抓拍那些富有创意的睡姿，也不用再考验相机的对焦速度了。不过要注意，不要将光圈调得太大，因为奶猫体积太小，过大的光圈会造成景深太浅，清晰的部分太少，让整个画面模糊不清。

技术要点六：小奶猫装起来

其实只要克服小奶猫过于活泼好动的问题，很容易拍出相当可爱的照片。因此盒子、杯子、罐子、篮子、碗、袜子、帽子或者纸箱就成了拍摄小小猫的最佳道具，把小奶猫放在这些地方待上会儿，限制住它们的活动，这些小家伙们就能像玩偶一样乖乖地让主人摆布了。

温馨提示

这样的参数比较适合
拍摄奶猫：
光圈：2.8~11
焦距：35~50毫米
快门：＜1/100秒

有时猫咪也会摆POSE

主人们也许会说，这是在开玩笑，猫咪哪里会配合人类摆出什么POSE（姿势）呢？除了在打理被毛时，猫咪会把柔软的身体扭出优美的曲线外，其他时间，随性的小猫们并不会特意摆弄姿态。不过，如果注意平时稍加训练，让它们摆出优美姿势也不是不可能的。

技术要点一：桌子是工具

把猫咪放到桌子边缘，松开手，它们由于害怕跌倒，会四肢发软想卧下。此时是让它摆POSE的最佳时机。

技术要点二：轻轻牵拉

用一只手托住猫咪的前胸或下巴往后推，另一只手轻轻向后牵拉猫咪的尾巴，注意力度以及不要抓它尾巴上的毛。此时猫咪会本能地把身体向前倾，向上挺起。表现出四肢挺直，昂首挺胸的姿态。

温馨提示

重复多次训练让猫咪形成条件反射后，即使站在平地上，只要轻拉猫咪尾巴牵引，它便会摆出这个姿势。这样我们就可以随时随地拍摄到它端坐的样子了。

哪个明星没有街拍照

如果住在老街区、胡同、小巷，那么恭喜你，你的猫咪很可能随手拍一拍都会得到一张很有感觉的照片。而住在公园附近、大学园区的主人则会拍摄到更具有文艺感的猫咪照。你会发现，自家猫咪走出家门之后，在这些场景里奔跑跳跃，会显得格外生动。

技术要点一：根据天气选择出门时机

晴天时在清晨或傍晚拍摄，柔和的逆光和猫咪长长的影子在复古的环境中会有一种别样的风情。千万不要在晴天的正午出门拍摄，这时光线过于强烈，容易造成画面曝光过度或曝光不足。

阴天与猫咪是绝配，由于云层的散射作用，天地间充斥着柔和的光线，并且阴天时的绿色会更浓厚，画面会看起来很舒服。

技术要点二：坏天气出好照片

坏天气容易拍出独特的照片。伞下的喵星人、雪地里的猫脚印、大风天被毛霸气凌乱的猫女王，这些拍出来都是绝佳的大片。

还可以找个地方当掩护，让猫咪自由玩耍一会儿。比如猫咪身旁的植

物，这样就可以让它更好地隐蔽自己，让猫咪觉得自在些，而且画面也会显得更有层次。

　　先从远景开始拍摄，尽量把身体放低。这样不仅能取得跟喵星人一样的视角，还不会让猫咪觉得我们是高大的怪物。不要频繁地按快门，静静地等待就好。当猫咪做出特别有趣的动作时，按下快门留住这一刻。实际上，很多优秀的照片都是在漫长的等待中得到的。

技术要点三：
街拍时主人的准备事项

　　主人最好穿上一双走路时不会发出太大声音且舒适的鞋，穿上长衣长裤，以便拍摄时可以应对各种姿势。如果有一个爱摄影同时足智多谋的朋友，那么他一定是你最强大的"装备"。如果将拍摄地点定在公园或小区绿地，夏天时一定带上防蚊液，避免自己变成蚊虫的大餐。

技术要点四：
最轻便好用的相机即可

　　街拍时选择最轻便，对焦最准的相机。因为猫咪们总喜欢待在光线较暗的地方。光圈大的变焦镜头最好。加上遮光罩，它可以帮助遮挡直射的光线，减少眩光的产生，使得画面更清晰柔和。不需要带上闪光灯和反光板，一是会刺激猫咪的眼睛，二是不光没有用处还会沦为猫咪的坐垫。当然，一款高像素的智能手机拍摄也可以达到很好的效果，由于手机修图软件功能越来越强大，在很多情况下，手机也完全可以完成相机的工作。

技术要点五：
必不可少的小道具

　　雨天中一把漂亮的雨伞，或草地上的一个纸箱，都是吸引猫咪走到你跟前的好帮手。

　　逗猫棒可以让猫咪做出旋转跳跃这些更有趣的动作。

　　猫粮和罐头是对猫咪外出工作的奖赏佳品。

太大，太笨

轻便，好用

温馨提示

　　拍摄完毕请记得把自己留下的垃圾带走，包括猫食以及猫屎。不留下猫食的原因是为了不让别的流浪猫吃到过期的食物。

白猫就要有个
白猫的样子

　　白猫是喵星人中最美艳的一群，但拍过白色猫咪的主人都有相同的困扰，那就是白色的猫咪拍出来平淡无奇，它们容易被周围的背景干扰，拍不出雪白的样子。室内拍摄时，可能会发黄或者发蓝，而在某些纯色背景或者沙发上拍摄时，照片里的猫咪会染上背景的颜色。这要怎么处理呢？拍摄白猫有哪些小技巧？

技术要点一：
选择不同的白平衡模式

　　在室内灯光下拍摄出现失败时可以根据室内灯光的色温不同，手动调节白平衡。选择相应的白平衡模式，比如白炽灯白平衡模式。如果不想猫咪身上反射出背景的颜色，请不要把猫咪放到颜色抢眼的背景里。实在喜欢这些背景，那么尽量让猫咪身体离背景远一些，必要时利用后期电脑技术来处理这些问题。

技术要点二：
避免阳光直射，让光线美一点

　　摄影是光与影的艺术，阳光直接打在白猫身上，会形成难看的阴阳脸，并且无法修复。如果在窗边拍摄，千万别让阳光

怎么样，我美吗？

正好打在猫身上，拉上白色的窗帘可以解决这个问题。如果窗外有绿植会使得画面更好看。

技术要点三：
细节增添美感

在尽力拍出白猫的颜色的同时，突出猫咪的粉色小爪，或者可爱的鼻头。这些小细节可以让画面更加生动，颜色也更丰富。

技术要点四：如果不梳洗就拍照，以上几点都白搭

白色短毛猫如果不洗，会导致眼屎等小问题在面部特别明显。而白色长毛猫一旦没有定期梳理，就会出现被毛打结和起毛球的情况，这会在白猫身体上留下难看的阴影，让它们看起来脏兮兮的。

温馨提示

如果画面中同时出现黑猫和白猫，那么会出现不论用哪一只对焦，都会出现拍摄失败的结果。如果用黑猫对焦，整个画面会曝光过度，而如果用白猫对焦，很可能会曝光不足。如遇上这种情况，宁愿让照片曝光不足也不要过曝，过曝是连后期处理都无法弥补的缺陷。

技术要点五：曝光要准确

白猫看起来灰灰的原因是整体照片欠曝。因此，焦点曝光一定要准确。用猫咪的眼睛或鼻子对焦而不是用全白的身体进行对焦，适当提高相机的曝光值。

"手残党"的锦囊妙计

对于"手残党"来讲,不管使用多好的相机,有多少道具都很难拍出一张好的照片。难道此生就无法给自家宝贝拍出一张像样的照片了吗? 为啥别人家的猫咪都特别乖巧,随意摆布,自己家那只简直是老天派来跟自己作对的呢? 只是拍个照片而已,为啥那么紧张?

技术要点一:
拍不好全身还不会拍局部啊

实在不懂什么构图光线,光拍猫咪软绵绵的小爪垫、粉嫩的耳朵以及毛茸茸的尾巴尖这还是会的吧? 后脑勺、后背和屁股也是很容易拍出效果的部位。这叫实力不够,萌态来凑啊!

技术要点二:
不给面子其实没关系

拍背影其实是对付完全不给面子的猫咪的终极法宝,简单且不容易出错! 另外,实在是不喜欢拍照的猫咪,抱在怀里就好了。不管是蹲着、站着、卧着还是仰着,主人就是猫咪最好的背景。这时候它也最安静、最放松。把属于猫咪的慵懒发挥到极致。而且,和主人

在一起拍照的猫咪就算不耐烦，看起来也相当温柔。如果猫咪足够乖，可以轻抓它的爪子做出一些它肯定不会自愿做出的造型，比如一起跳支舞如何！

技术要点三：摆在高处或伞边

把它放在高台上能让格外活泼的猫咪稍微收敛点。要有耐心，它跳下去再抱上来，反复几次，它就会放弃逃跑的念头，暂时让你拍上一拍。而道具伞的作用就显得更大了，因为猫咪对伞有着热烈的感情。它们特别喜欢坐在撑开的伞下，在伞下永远安静。这样可以拍出构图绝佳的清新画面。

温馨提示

平时要多观察猫咪，与猫咪建立感情。这样，才能让没有什么摄影技巧的你，拍出感人的照片。因为，情感在拍摄中占有相当的地位。

咖啡馆和猫咪是
绝佳搭配

一般来说，咖啡馆的光线都比较暗，而且光照条件又相对复杂，有自然光线，又有人工光线。如果这时还把猫咪放在窗边拍摄，就会造成局部过曝而其他部分曝光不足的情况。而如果只有室内光，猫咪也不在亮处，拍摄出来的照片又会有很大的噪点，这样也是没办法得到一张好照片的。

咖啡馆背景复杂，拍出的照片呈现出的问题比较多。但猫咪与咖啡馆这么天生般配的组合，不拍点靓照又真的不甘心呢。

技术要点一：
拍或不拍看光线条件

如果周围完全是室内光，猫咪又躲在暗处。说明猫咪可能是要休息。最好还是不拍。如果它们在窗前稍远的地方，离窗1米左右，又正好有补充光源，则有比较大的机会拍到好照片。

技术要点二：
我有咖啡，你有故事

在咖啡馆拍摄时候，可以不用把光圈放得那么大。因为，如果那样，拍出的画

面里，环境都是模糊的，看不清，跟在别的地方拍摄的背景没有差别，无法突显咖啡馆的特色，所以，拍猫的时候，尽量还是把光圈调到适合的位置吧！

离开熟悉环境的猫咪，一定对咖啡馆里的种种有着很多的好奇，也许会邂逅店里其他的猫咪，也许还会跟隔壁桌的客人打声招呼，这些如果能记录下来，也是"猫生"美好的回忆。

除了咖啡馆的环境，肯定也有很多值得加进去的背景。如躲在沙发后面偷偷看的猫咪，在植物下打盹的别的猫咪，都是很好的拍摄内容。

技术要点三：如果猫咪完全都没有想拍的意思，不要勉强

等待是此时最需要做的事情。不要让猫咪在镜头前表演。记录它们在店里自由散漫又可爱的样子就行了，它或睡，或躺，挠痒，都是值得拍摄的。在它面前放一杯咖啡，一份餐单，不需要它做什么。甚至不需要它看镜头，按下快门的瞬间，你就知道拍到了你要的东西。

温馨提示

在咖啡馆肯定要比家里受更多限制，首先要征得店家的同意。另外要尽量避免打扰到其他的顾客。不要因为逗猫发出很大的声响或有怪异的举动。不要强迫猫咪做它不想做的事情。

咖啡馆拍猫的相机设置

光圈：1.4~2.8

镜头焦段：24~70毫米

感光度：根据场地的光线条件，设定为400~800